鋼構造物の塗装 Q&A

一般社団法人 日本鋼構造協会 編

技報堂出版

◎はじめに

　国民の社会活動や経済活動に欠かすことができない道路橋や鉄道橋などの橋梁や、水門・樋管・ダムのゲートや取水施設などの河川管理施設、電力の送電施設である鉄塔、石油備蓄タンク及び、各種工業生産設備（プラント類）などの重要な社会資本（社会インフラ）の機能を長期間にわたって維持・向上させることが不可欠である。これら社会インフラは、鋼構造物であることが多く鋼材の腐食対策が欠かせず、そのほとんどが塗装で防食されている。

　このため、塗装の防食機能や景観機能などの耐久性を向上させることが重要であるが、これら社会インフラを直接管理している技術者以外の関係者は、塗装について基本的な知識を持っていないことが多く、管理者が必要と考えている個々のインフラの塗装のメンテナンスについて理解されず適切なメンテナンス時期を逃すこともあり、このため腐食による事故も起こっている。

　本書は、これら社会インフラを直接に管理している技術者以外の社会インフラの計画・建設・運営に係わる関係者の方々に鋼構造物の塗装について、少しでも理解を深めていただくきっかけとなるように、Q&A方式で鋼構造物塗装に関する技術情報を鋼構造物塗装小委員会で取りまとめたものである。

　鋼構造物塗装について少しでも理解が進むことによって、社会インフラが適切にメンテナンスされるようになることを期待するものである。

2018 年 3 月

鋼構造物塗装小委員会
委員長　守　屋　　進

◎鋼構造物塗装小委員会名簿

【委員長】		守屋　進	元 土木研究所
【幹事長】	○	斉藤　誠	中国塗料株式会社
【幹　事】	◎	坂本　達朗	公益財団法人鉄道総合技術研究所
〃		冨山　禎仁	国立研究開発法人土木研究所
【委　員】	○	井合　雄一	株式会社ＩＨＩ
〃		石田　雅己	新日鐵住金株式会社
〃		市場　幹之	東京電力ホールディングス株式会社
〃	○	今井　篤実	日鉄住金防蝕株式会社
〃		江成　孝文	建設塗装工業株式会社
〃		大庭　哲也	日本ファブテック株式会社
〃		岸　慶一郎	ＪＦＥスチール株式会社
〃	○	笹原　大輔	旭硝子株式会社
〃		高柳　敬志	旭硝子株式会社
〃	○	竹添　浩司	関西ペイント株式会社
〃		田代　稔	神東塗料株式会社
〃	○	中野　正	一般社団法人日本橋梁・鋼構造物塗装技術協会
〃		中村　宏之	日本ペイント株式会社
〃		中元　雄治	一般財団法人橋梁調査会
〃	○	山内　健一郎	大日本塗料株式会社
【旧委員】	○	宇留嶋　秀人	関西ペイント株式会社
〃		大澤　隆英	日本ペイント株式会社
〃	○	笠原　潔	旭硝子株式会社
〃	○	福岡　麻里	株式会社ＩＨＩ
〃		二股　誠	神東塗料株式会社
〃		村瀬　正次	ＪＦＥスチール株式会社

（五十音順）

○印は，鋼構造物の塗装 Q&A　WG 委員

◎印は，鋼構造物の塗装 Q&A　WG 主査

◎目次

Q1-01

Q 鉄はなぜ錆びるのですか？

A 鉄は水と酸素によって錆びます。これは金属鉄表面の不安定な鉄原子が環境中の酸素や水分などとの酸化還元反応に基づいて腐食し錆になります。

　鉄は、地球上で酸化物などの安定な状態の鉄鉱石として存在しているものを、溶鉱炉で莫大なエネルギーを費やして還元したものです。鉄が錆びるということは、腐食によって鉄が元の安定な鉄鉱石の状態に戻る現象です。

　鉄の腐食には湿食と乾食があります。湿食は常温状態において水と酸素の存在下で生じる一般的な腐食で鉄がイオン化して水の中へ溶解する電気化学反応です。乾食は高温状態で環境中の酸素と反応して生じる特別な腐食で、そのほとんどが酸化反応です。

　湿食による鉄の錆発生の模式図を**図1**に示します。また、中性水溶液中での一般的な錆発生の酸化還元反応を①～④式に示します。微視的には鉄表面は不均一で不安定であるため、水や酸素が存在すると、アノード部とカソード部が形成されます。アノード部では①式に示すように鉄原子がイオン化（Fe^{2+}）し、水の中に溶け出します。（この反応をアノード反応という。）この反応によって生じた電子（e^-）は②式に示すように水中の溶存酸素と結びつき、水酸基イオン（OH^-）に変化します。（この反応をカソード反応という。）なお、この水酸基イオンは③式で示されるように鉄イオンと反応して、水酸化第一鉄（$Fe(OH)_2$）の白濁物となり、④式で示されるように、さらに酸化され、水酸化第二鉄（$Fe(OH)_3$）の赤褐色の沈澱となります。

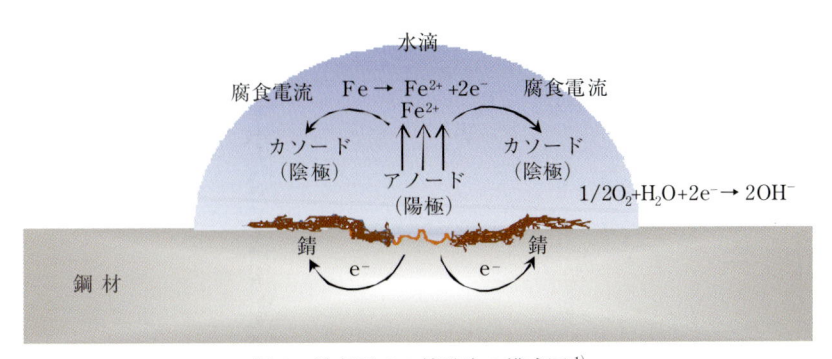

図1　鉄表面での錆発生の模式図 [1]

　この沈澱はコロイド状粒子の集合体で、いわゆる赤錆と呼ばれるものですが、鉄表面には密着せず鉄を保護する力がないので、酸素と水とが存在するかぎり錆の生成は進行します。

$$\mathrm{Fe} \longrightarrow \mathrm{Fe}^{2+} + 2\mathrm{e}^{-} \tag{1}$$

$$\frac{1}{2}\mathrm{O}_2 + \mathrm{H}_2\mathrm{O} + 2\mathrm{e}^{-} \longrightarrow 2\mathrm{OH}^{-} \tag{2}$$

$$\mathrm{Fe}^{2+} + 2\mathrm{OH}^{-} \longrightarrow \mathrm{Fe(OH)}_2 \tag{3}$$

$$2\mathrm{Fe(OH)}_2 + \frac{1}{2}\mathrm{O}_2 + \mathrm{H}_2\mathrm{O} \longrightarrow 2\mathrm{Fe(OH)}_3 \tag{4}$$

$$2\mathrm{Fe(OH)}_3 \longrightarrow \mathrm{Fe}_2\mathrm{O}_3 \cdot 3\mathrm{H}_2\mathrm{O} \tag{5}$$

　このように、水と酸素の存在は鉄が錆びる腐食反応に不可欠な条件であるとともに、水と酸素の量や温度などによって、**表1**に示すようなさまざまな組成の錆となります。したがって、錆を防止する基本は、水あるいは酸素の供給を断つことです。

表1　錆の種類[1]

化 合 物	名 称	形 状
α − FeOOH	ゲーサイト /geothite	針 状
β − FeOOH	アカガネイト /akaganeite	針 状
γ − FeOOH	レピドクロサイト /lepidocrocite	針 状
δ − FeOOH	—	六角板状
$\mathrm{Fe(OH)}_2$	水酸化第一鉄 /iron(Ⅱ) hydroxide	六角板状
FeO	ウスタイト /wustite	(結晶：立方晶)
$\mathrm{Fe}_3\mathrm{O}_4$	マグネタイト（黒錆）/magnetite	八面体状、六面体状
α − $\mathrm{Fe}_2\mathrm{O}_3$	ヘマタイト（赤錆）/hematite	六角板状、八面体状
γ − $\mathrm{Fe}_2\mathrm{O}_3$	マーゲマイト /maghemite	八面体状
緑錆Ⅰ、Ⅱ	グリーンラスト /green rust	六角板状
無定形錆	—	非晶質

［参考文献］
1）社団法人日本鋼構造協会：重防食塗装, pp.1-2, 2012

Q1-02

Q 鋼構造物に生じる代表的な腐食にはどのようなものがありますか。

A 鋼構造物に生じる腐食は一般的には湿食であり、湿食には全面腐食と局部腐食があります。局部腐食には孔食、隙間腐食、異種金属接触腐食、応力腐食割れなどがあります。

鋼材の腐食は湿食と乾食に大別され、一般的に**図1**のように分類されます。湿食は水と酸素の存在下で生じる腐食で、鋼橋、鉄塔、タンク、プラント装置、海洋設備等の鋼構造物の腐食のほとんどが湿食です。乾食は高温状態で環境中の物質と反応して生じる腐食です。湿食は、全面腐食と局部腐食に分けられます。

全面腐食は、鋼材表面が均一な環境にさらされている場合に生じ、全面が均一に腐食する現象です。局部腐食は、鋼材表面の状態や環境の不均一により腐食が集中して生じる現象であり、腐食される場所（アノード）が固定されるため、腐食速度は全面腐食の場合に比べて大きくなります。鋼材の腐食による鋼構造物の耐久性への影響が特に問題となるのは局部腐食です。これは腐食が鋼材の局部に集中して、鋼材の深さ方向に進行し、その部分の板厚が大きく減耗し断面欠損するからです。このため鋼橋、鉄塔、タンク、プラント設備及び煙突などの鋼構造物では、その耐久性に及ぼす影響が大きいので、局部腐食の防止が特に重要となります。鋼材の局部腐食には、異種金属接触腐食、隙間腐食、孔食、応力腐食割れ、腐食疲労、粒界腐食などがあります。

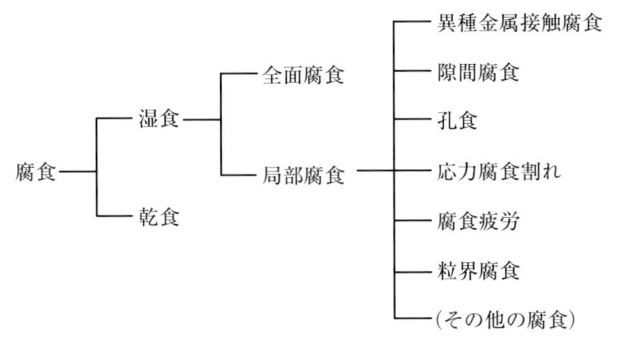

図1 鋼材の腐食の分類

1）異種金属接触腐食

金属は固有の電位（自然電位）を有しており、電位が異なるふたつの金属が接触し、そこに電解質溶液が存在すると金属間に局部電池を形成し、卑な金属（電位の低い金属）が腐食します。たとえば、普通鋼（$-0.61\,\mathrm{V\ vs\ SCE}^*$）に SUS 304 ステンレス鋼（$-0.08\,\mathrm{V\ vs\ SCE}^*$）が接触し、そこに電解質を含んだ雨水等があると電位がより卑な金属である普通鋼は著しく腐食します。

*SCE…Saturated Calomel Electrode：飽和カロメル電極

2）隙間腐食

　重ね合わせた2枚の平らな金属板の間や金属をボルトで締めた金属とボルトの間にできる非常に狭い隙間の内部では、酸素が欠乏し隙間内外で通気差電池を形成し隙間腐食が生じます（**図2**）。たとえば、河川水中のステンレス鋼（SUS 304）をステンレスボルトで締結した場合、ボルト下のステンレス鋼の部位のみが不動態皮膜が破壊され隙間腐食を生じます。

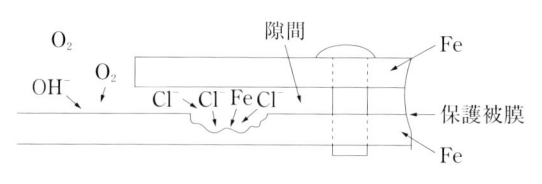

図2　隙間腐食の模式図

3）孔食

　孔食とは、**図3**に示すように局部腐食が金属の内部に向かって孔状に腐食する現象です。孔食は普通鋼でも生じることがあますが、ステンレス鋼やアルミニウムなどの不動態皮膜を形成する金属に発生します。不動態皮膜は、塩化物イオンが存在すると部分的に壊され、その部分は卑な電位をもつため、不動態皮膜が健全な部分をカソード、破壊された部分をアノードとする局部電池を形成し、アノード部は酸性となり腐食が促進されます。

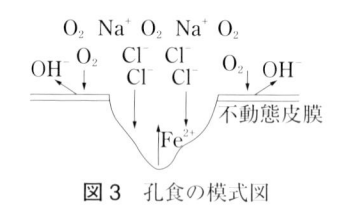

図3　孔食の模式図

4）応力腐食割れ

　鋼材は、応力が加わった状態で腐食環境に置かれたとき、腐食環境でない場合より急速に亀裂が発生、成長することがあります。これを応力腐食割れと呼びます。特に海水にさらされるオーステナイト系ステンレスで問題になることが多くあります。応力腐食割れは通常静的な応力状態で起こります。

5）腐食疲労

　金属材料は、腐食環境下で繰返し応力を受けることで、一般環境下で繰り返し応力が作用した場合に比べて大きな亀裂や破断が生じる現象です。車両走行時による活荷重を受ける鋼橋や波力にさらされる海洋鋼構造物などで生じことがあります。

6）その他の局部腐食

　その他の局部腐食としては、エロージョン・コロージョン、迷走電流腐食（電食）などがあります。

［参考文献］
社団法人日本鋼構造協会：重防食塗装，pp.2-7, 2012

Q1-03

Q 鋼構造物に用いられる防食法にはどのような種類がありますか?

A 鋼構造物に用いられる防食法は、被覆、耐食性材料の使用、環境改善、電気防食の4つに大別できます。

　鋼構造物の防食法には、**図1**に示すように、被覆、耐食性材料の使用、環境改善、電気防食の4つに大別できます。被覆による防食は、鋼材を腐食の原因となる環境（水や酸素）から遮断することによって腐食を抑制する方法ですが、これには塗装等の非金属被覆と亜鉛めっきや金属溶射等の金属皮覆による方法があります。

　耐食性材料の使用による防食とは、鋼材にある種の合金元素を添加することによって耐食性を向上させた材料を使用する方法です。例えば、鋼材表面に不動態皮膜を形成する Cr、Ni などを合金成分とするステンレス性鋼材はこれに分類されます。

　環境改善による防食は、鋼材周辺から腐食因子を排除するなどによって、鋼材を腐食しにくい環境条件下に置くものです。例えば、密閉構造にすることによって水や酸素等を排除する方法と、除湿によって強制的に湿度を一定値以下に保つ方法等があります。

　電気防食とは、水中など金属が腐食しやすい環境で防食をする方法で、腐食しやすい金属に電極から直接電流を流して、金属を腐食しない電位（防食電位）にまで変化させる防食法です。流電陽極方式と外部電源方式があり、海水中の鋼製橋脚や鉄筋コンクリート桁の防食法として適用されます。

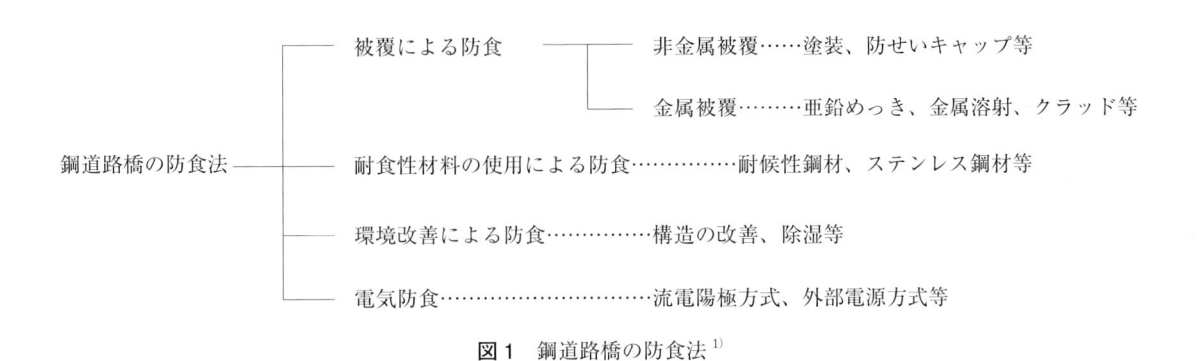

図1　鋼道路橋の防食法 [1]

　鋼道路橋の主な防食法を**表1**に示します。塗装は、鋼材表面に形成した塗膜が腐食の原因となる酸素と水や、塩類等の腐食を促進する物質を遮断（環境遮断）し鋼材を保護する防食法です。塗膜には、防食性能以外にも、色彩選択の自由度が高いといった特徴があります。このため、周辺景観との調和を図りやすい特色を活かしての外観着色の機能や耐候性能等、様々な機能が要求されます。したがって、通常は使

用目的や環境条件等に応じて異なる塗料を複数層組み合わせて塗膜を形成して防食します。このように塗料を複数層組み合わせたものを塗装系として分類します。例えば、厳しい環境条件では、塗膜の最下層に金属亜鉛を含有した塗料を用いることで、その犠牲陽極作用による防食性能の向上を図った塗装系が適用されます。

溶融亜鉛めっきは、鋼材表面に亜鉛皮膜を形成することにより、腐食の原因となる酸素と水や、イオン成分（塩化物イオンなどの腐食を促進する物質）を補足・遮断して鋼材を保護する防食法です。鋼道路橋では長期の耐久性が要求されるため、少なくとも主要な部材については亜鉛の付着量 600 g/m² 以上を確保することが求められています。なお、溶融亜鉛めっき皮膜の耐久性は亜鉛の付着量に比例するため、亜鉛の付着量が比較的小さい附属物や普通ボルトでは、主要な部材と比較して防食皮膜の寿命も短くなります。

金属溶射は、溶融亜鉛めっきと同様、鋼材表面に形成した溶射皮膜が鋼材を保護する防食法です。なお、金属溶射には単に環境を遮断する以外にも、犠牲陽極作用によって防食性能の向上などを目的として、種々の溶射材料が使用されます。鋼道路橋に使用される代表的な金属溶射には、亜鉛溶射、アルミニウム溶射、亜鉛・アルミニウム合金溶射、並びに亜鉛・アルミニウム擬合金溶射及び、アルミニウム・マグネシウム溶射等があります。

表1　鋼道路橋の主な防食法

防食法	防食原理	劣化因子	構造、施工上の制限（原則）	維持管理	【補修法】
塗装（重防食塗装）	塗装による環境遮断とジンクリッチペイントによる防食	紫外線、塩分、水分（湿潤状態の継続）	温度、湿度等施工環境条件の制限	錆の発生や塗膜の消耗、変退色の調査	劣化が進行した場合は塗り替え塗装
耐候性鋼材**	緻密な錆層による腐食速度の低下	塩分、水分（湿潤状態の継続）	滞水・湿気対策	異常錆が形成されていないことの確認	腐食が進行した場合は塗装による防食*
溶融亜鉛めっき	亜鉛皮膜による環境遮断と亜鉛による防食	塩分、水分（湿潤状態の継続）	めっき処理槽による寸法制限と熱歪対策	亜鉛層の追跡調査	亜鉛層の消耗後は塗装による防食*
金属溶射	溶射皮膜による環境遮断と亜鉛による防食	塩分、水分（湿潤状態の継続）	溶射ガンの運行上の制限	溶射皮膜の追跡調査	溶射皮膜の消耗後は金属溶射もしくは塗装による防食*

注）1. *印は実績が少なく、適用には注意が必要である．
　　2. **印の耐候性鋼材は、JIS G 3114（W仕様）に規定する溶接構造用耐候性熱間圧延鋼材を示す。

[参考文献]

1）公益社団法人日本道路協会：鋼道路橋防食便覧．p.I-18, 2014

Q2-01

Q 塗料はどのようなもので構成されていますか？

A 塗料は、主に塗膜になる固形分と、塗膜にならない揮発分で構成されています。樹脂、顔料、添加剤などは固形分、溶剤は揮発分となります。

　鋼構造物用の塗料に求められる主な性能は、防食性（耐食性）や耐候性、施工性などであり、どの性能を要求するかによって塗料の成分構成は異なります。以下に、固形分及び揮発分として主に用いられる材料について説明します。

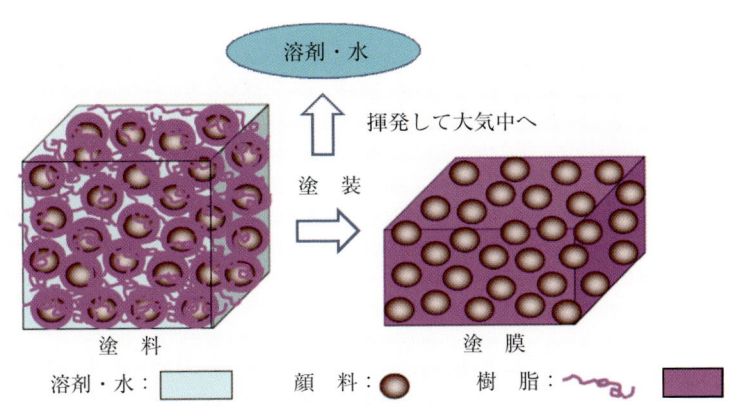

図1　塗料が塗膜になるまでのイメージ

塗膜になるもの（固形分）[1]

1．樹脂
塗膜を形づくる主成分となる材料です。
　アルキド樹脂、エポキシ樹脂、フタル酸樹脂、ポリウレタン樹脂、アクリルシリコン樹脂、ふっ素樹脂、など

2．顔料
① 着色顔料（色を着ける）
　・無機系着色顔料
　　酸化チタン、カーボンブラック、酸化鉄、紺青など
　・有機系着色顔料
　　フタロシアニンブルー、キナクリドンなど

② さび止め顔料（防錆効果をもたせる）

亜鉛末、リン酸塩、鉛系さび止め顔料 * など

*現在は使用されていません

③ 体質顔料（厚みをもたせる）

炭酸カルシウム、タルク、クレー、硫酸バリウムなど

※その他の性質を持つ顔料

④ 腐食因子の遮蔽性を向上させたり赤外線を反射させるなどの性能を付与したもの

3．添加剤

塗料、塗膜を安定にさせるためや、塗装作業性をよくするためのもので、以下の添加剤が必要に応じて選択されます。

・顔料分散剤、増粘剤、沈降防止剤、レベリング剤、たれ防止剤、色分かれ防止剤、紫外線吸収剤、光安定剤、防腐剤、難燃剤など

塗膜にならないもの（揮発分）[1]

溶剤

固形分を溶解または分散させ、流動性を与えるために使用されるものです。

① 有機溶剤

・第 2 種有機溶剤

キシレン、トルエン、酢酸イソブチル、メチルエチルケトン、イソプロピルアルコールなど

・第 3 種有機溶剤

ミネラルスピリット、石油エーテル、石油ナフサ、石油ベンジン、テレピン酸など

② 水

［参考文献］
1）社団法人日本塗料工業会：日本の塗料工業　平成 27 年度版，p.10, 2015

Q2-02

Q 鋼構造物では、どのような塗料が使用されていますか？

A 近年、主に用いられている塗料には、ジンクリッチペイント、エポキシ樹脂塗料、変性エポキシ樹脂塗料、ポリウレタン樹脂塗料、ふっ素樹脂塗料などがあります。

近年、鋼構造物用塗料として主に用いられている塗料のほか、過去に使用されていた塗料、今後の使用が期待される塗料について説明します。

(1) 現在、主に使用されている塗料

・ジンクリッチペイント（詳細はQ2-13参照）

ジンクリッチペイントは、鋼材よりも卑な電位を持つ亜鉛末（防錆顔料）を高濃度に含み、犠牲防食作用によって鋼材の腐食を防ぐ塗料です。ジンクリッチペイントには、亜鉛末とシリケートを主成分とする無機ジンクリッチペイントと、亜鉛末とエポキシ樹脂を主成分とした有機ジンクリッチペイントがあります。

・エポキシ樹脂塗料

エポキシ樹脂塗料は、付着性、耐水性、耐薬品性（耐酸性、耐アルカリ性、耐溶剤性）の良い塗料です。重防食塗装系では防錆力の強いジンクリッチペイントと組み合わせて、下塗塗料、中塗塗料として用いられます。主剤と硬化剤からなる二液形塗料であり、気温が10℃以上で塗付する常温用と、5〜20℃で塗付する低温用があります。

・変性エポキシ樹脂塗料

変性エポキシ樹脂塗料は、エポキシ樹脂を変性して素地に対する付着性を向上させた塗料です。そのため、錆の除去を完全には行えないような現場継手部の下塗や塗替塗装の下塗として、エポキシ樹脂塗料下塗に替えて適用されます。エポキシ樹脂塗料同様に気温が10℃以上で塗付する常温用と、5〜20℃で塗付する低温用があります。

・超厚膜形エポキシ樹脂塗料

超厚膜形エポキシ樹脂塗料は、エポキシ樹脂を主成分とした主剤と硬化剤からなる二液形塗料であり、1回のスプレー塗装で300μm以上の厚さに塗付できる塗料です。1回の塗付で厚膜にできますが、粘度が高く作業性がよくないので、橋梁の連結部や局部補修など小面積の塗装に適用されます。

・ポリウレタン樹脂塗料

ポリウレタン樹脂塗料は、ポリウレタン樹脂を主成分とした塗料で、中塗や上塗として用いられます。塩化ゴム系塗料と比較すると耐候性、耐薬品性に優れます。

・ふっ素樹脂塗料

ふっ素樹脂塗料は、ふっ素樹脂を主成分とし、耐候性、耐水性、耐薬品性に特に優れているため上

塗塗料として使用されています。ポリウレタン樹脂塗料と比較して、塗膜の色や光沢などの外観を長期間保持することが期待できます。

・塩化ゴム系塗料

　塩化ゴム系塗料は、天然ゴムや合成ゴムを塩素化させた樹脂を用いた塗料です。速乾性、耐水性、耐薬品性が優れるため、下塗、中塗、上塗など幅広く使用されていましたが、製造段階で使用する四塩化炭素がオゾン層破壊物質として国際的に規制されたことや、より耐久性の高いエポキシ樹脂塗料やポリウレタン樹脂塗料の普及により、鋼橋分野では使用されなくなりました。

　なお、過去の一部の塩化ゴム系塗料には可塑剤として PCB（Poly Chlorinated Biphenyl：ポリ塩化ビフェニル）が使用されており、その毒性の問題から、塗替え時には作業者の安全と周辺環境の汚染を防ぐため、確実な回収と処理が求められています。

・鉛・クロムフリーさび止めペイント

　鉛・クロムフリーさび止めペイントは、有害な鉛・クロムを使用しないリン酸塩系防錆顔料などを使用し、従来の鉛系さび止めペイントと同等の塗膜性能を有する鉛・クロムフリーさび止めペイントが使用されています。

(2)　過去に使用されていた塗料

・鉛系さび止めペイント

　鉛系さび止めペイントは、鉛系の防錆顔料を用いた塗料です。過去、防錆顔料として、鉛丹、亜酸化鉛、シアナミド鉛などが使用されていましたが、鉛の人体への健康被害や環境汚染が問題視され鋼橋分野では使用されなくなりました。また、過去に適用された塗料に大量に使用されていたため、現在も多くの鋼構造物の塗膜中に存在しており、その塗替え塗装時の素地調整では有害な鉛やクロムの飛散防止や安全な回収が求められています。

・タールエポキシ樹脂塗料

　タールエポキシ樹脂塗料は、エポキシ樹脂をタール類で変性させた塗料です。エポキシ樹脂とタールの特徴を活かし、経済的かつ優れた防食性能から多くの鋼構造物に使用されてきました。しかしながら、タール類に含まれているベンツピレンが発がん性を有することから、鋼橋分野では使用されなくなりました。

(3)　今後の使用が期待される塗料

・環境にやさしい塗料

　VOC（Volatile Organic Compounds：揮発性有機化合物）は光化学スモッグの原因となると言われており、排出量の削減などが求められています。塗料中に含まれる VOC を低減した塗料には、水性塗料や低溶剤形塗料、無溶剤形塗料などが挙げられますが、作業性（低温硬化性、可使時間、粘度など）に課題があります（詳細は **Q2-10**、**2-11**、**2-12** 参照）。なお、水性塗料を用いた仕様は一部の分野で試行され実用化されつつあります。

Q2-03

Q 鋼構造物の塗装は、なぜ複数の種類の塗料を塗り重ねるのですか？

A 鋼構造物の塗装では、防食性能、付着性能及び美観を長期間保持する耐候性能が求められます。これらの性能を一つの塗料で発揮することはできないため、各々の性能を有する塗料を塗り重ねます。

鋼構造物を塗装する主な目的は、鋼材の腐食を防ぎ、かつ美観を付与しそれを長期間保持することです。しかし、一つの塗料で全ての役割を担うことは困難であり、周辺環境や用途及び部位に適した塗料を塗り重ねる必要があります。このように、塗り重ねる塗料の組み合わせを塗装系といいます（詳細は Q2-05 参照）。

重防食塗装の塗装系を例に挙げると、塗り重ねる塗料は防食下地、下塗塗料、中塗塗料、上塗塗料に区分されます（図1）。ここでは、それぞれの塗料の役割と対応する塗料種について説明します。

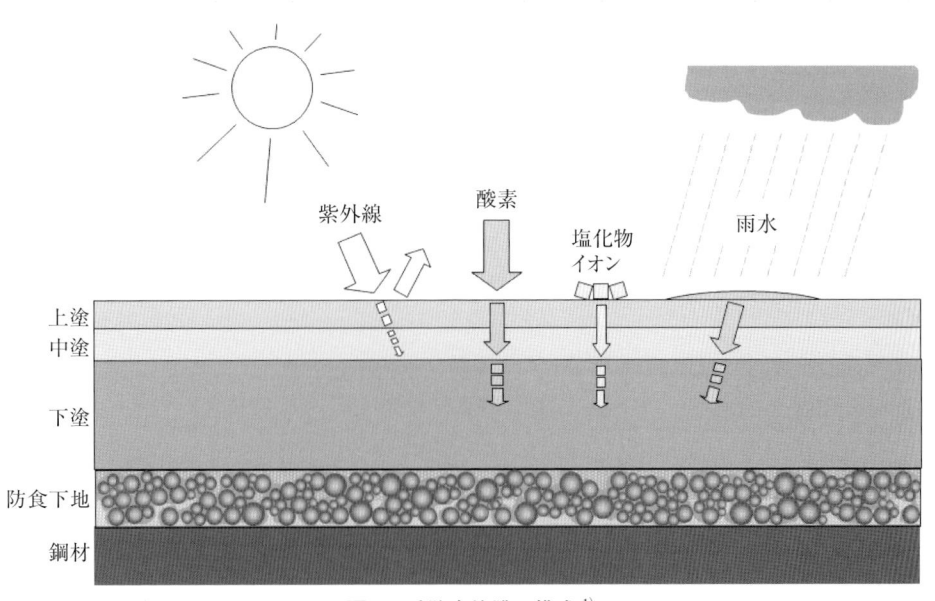

図1　重防食塗膜の構成[1]

1．防食下地

重防食塗装に適用する防食下地は、鉄よりも卑な電位を示し、腐食環境において優先的に溶解する材料が用いられます。このような犠牲防食作用のほか、環境遮断性による腐食因子の遮断、さらには防食下地の種類によってはアルカリ性保持などの効果により、鋼材の腐食を防ぎます。防食下地には、無機ジンク

リッチペイント、有機ジンクリッチペイント、溶融亜鉛めっき層、金属溶射皮膜があります。このうち、無機ジンクリッチペイントや溶射皮膜の場合、膜中に空隙が多く存在するため、その空隙を埋める目的で下塗塗料を 30-60 %程度希釈したミストコートを塗装します。これは、空隙を埋めることで下塗工程以降の塗膜欠陥（泡、ピンホール）を防ぐための工程です。因みに、防食下地を施さない場合は重防食塗装系とは呼ばず、一般塗装系となります（詳細は **Q2-06** 参照）。

2．下塗塗料

　下塗塗料は、防食下地に塗り重ねることで、その劣化を防ぐ役割があります（防食性）。そのため、防食下地への付着性や、腐食因子である水、酸素、腐食促進因子である塩化物イオン等の浸透を抑制する遮断性が求められます。主にエポキシ樹脂塗料、変性エポキシ樹脂塗料などが用いられます。

3．中塗塗料

　中塗塗料は、下塗塗料と上塗塗料の中間層として付着を確保するために用いられます。また、塗り重ねる上塗の膜厚は一般に 25 μm 程度であり、色によっては下地が透けて見えるので、中塗の色を上塗塗料と近似の色とすることで、本来の色が表現されるよう補助する役割もあります。主に、エポキシ樹脂塗料、変性エポキシ樹脂塗料、ポリウレタン樹脂塗料が用いられます。

4．上塗塗料

　上塗塗料は、構造物の最上面に塗装して、美観を保つ役割があります。そのため、塗膜のつやや色を長期間にわたって維持する耐候性が求められます。さらには、耐候性が劣るエポキシ樹脂塗料の塗膜を紫外線から保護し、塗膜全体の劣化を防ぐ機能も求められます。一般に耐候性の優れた樹脂及び顔料が使用され、主にポリウレタン樹脂塗料、アクリルシリコン樹脂塗料、ふっ素樹脂塗料などが用いられます。

［参考文献］
1）社団法人日本鋼構造協会：重防食塗装．p.17, 2012

Q2-04

Q 塗料を塗り重ねる場合において、塗料同士の相性の良し悪しはありますか？

A 塗料同士の相性は存在し、相性が悪いものを塗り重ねた場合には塗膜に変状が生じるなど、本来の性能が得られません。そのため、使用する塗料の塗り重ね適性を把握したうえで塗り重ねることが重要です。

塗料の塗り重ねは、新設時には、防食下地から上塗りまで塗り重ねる場合や、塗装作業時に生じた欠陥部を補修するケースがあります。一方、塗替え塗装時には、旧塗膜の上に塗装するケースがあります。

塗料を塗り重ねる場合、塗料に使用される材料種や乾燥時間などによって不具合を生じる場合があります。例として、新設時の塗り重ね適否を**表1**に示します。ここでは、各下地塗膜に対して塗り重ねる塗

表1　新設時の塗り重ね適否

下塗塗膜 ＼ 塗り重ね塗料	無機ジンクリッチペイント	有機ジンクリッチペイント	油性さび止めペイント	長油性フタル酸塗料中塗・上塗	シリコンアルキド樹脂塗料中塗・上塗	エポキシ樹脂塗料（含むMIO塗料）	変性エポキシ樹脂塗料	ポリウレタン樹脂塗料上塗	アクリルシリコン樹脂塗料上塗	ふっ素樹脂塗料上塗
長ばく形エッチングプライマー	×	×	○	△	△	△	△	-	-	-
無機ジンクリッチペイント	-	○	×	×	×	○	○	-	-	-
有機ジンクリッチペイント	×	○	×	×	×	○	○	-	-	-
油性さび止めペイント	×	-	○	○	○	×	×	×	×	×
長油性フタル酸樹脂塗料中塗・上塗	×	-	-	○	○	×	×	×	×	×
フェノール樹脂系MIO	×	-	○	○	○	×	×	×	×	×
エポキシ樹脂塗料（含む MIO 塗料）	×	-	△	△	△	○	○	○	○	○
変性エポキシ樹脂塗料	×	-	△	△	△	○	○	○	○	○
ポリウレタン樹脂塗料上塗	×	-	-	-	-	-	-	○	△	△
アクリルシリコン樹脂塗料上塗	×	-	-	-	-	-	-	-	○	△
ふっ素樹脂塗料上塗	×	-	-	-	-	-	-	-	-	○

注1）各塗り工程で用いる塗装材料は、原則として同一メーカーの製品とする。
　　塗料メーカーが異なる製品による塗り重ねについては、品質保証の対象とならない。
注2）評価基準…○：可、△：条件付き可（メーカーへ確認する）、×：不可、−：組合せとして薦めない

料が適しているか否かを示しています。例えば、無機ジンクリッチペイントへの油性さび止めペイントの塗り重ねや、油性さび止めペイントへのエポキシ樹脂塗料の塗り重ねは不適当であることがわかります。その際に生じる不具合例として、層間の付着性が不十分となって起こる剥離現象（**写真1**）や旧塗膜が溶解し付着力を失って浮き上がるリフティング現象（**写真2**）等があります。このような不具合を避ける意味でも、塗料製造業者や施設を管理する機関が定める塗装仕様に基づいて施工計画を立てることが重要になります。

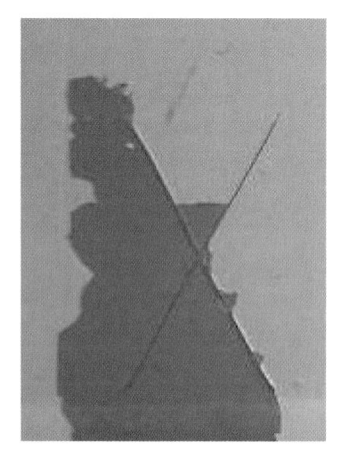

写真1 付着性不良による剥離現象

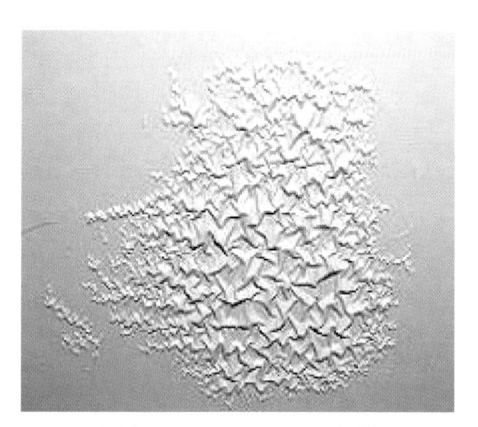

写真2 リフティング現象[1]

　塗替え塗装においても、旧塗膜と塗り重ね塗料の組合せによる適否があります[2]。その適否の傾向は、新設時の組合せと基本的に同様です。したがって、塗替え塗装に先立って旧塗膜の塗装仕様をよく確認し、塗り重ねの相性を判断することが非常に重要となります。過去によく用いられた塗料には、油性さび止めペイント、フタル酸樹脂塗料中塗・上塗、フェノール樹脂系 MIO 塗料、シリコンアルキド樹脂塗料中塗・上塗及び塩化ゴム系塗料等があります。これらの塗料は現在よく用いられるエポキシ樹脂塗料、ポリウレタン樹脂塗料、ふっ素樹脂塗料とは一般に相性がよくないため、十分な注意が必要です。また、旧塗膜を残して塗り替える場合、塗り重ねにより懸念される塗膜の異常を抑制するため、旧塗膜を侵しにくい特徴を持つ弱溶剤形塗料を用いることがあります。塗料タイプの選択を誤ると、先に述べたリフティング現象などの塗膜異常を起こすため、十分な注意が必要です。また、新設時、塗替え時のいずれにおいても、異なる塗料製造業者の塗料を塗り重ねる場合には不具合が生じないか確認が必要です。

［参考文献］
1）一般社団法人 日本鋼構造協会：重防食塗装. p.141, 2012
2）社団法人 日本塗料工業会：重防食塗料ガイドブック第4版. p.171, 2013

Q2-05

Q 塗装系とはどのようなものですか？

A 防食下地、下塗、中塗、上塗の各塗装に使用する塗料の組合せのことをいいます。様々な塗装系が各団体の基準・指針に基づいて、被塗面の状態、設置環境、期待する性能に応じて定められています。

表1に示すように、塗装対象物の素地調整及び設置環境、要求性能は、多岐に渡ります。

表1 塗装対象物の種類、素地調整、設置環境及び要求性能例

対象物	被塗面状態と素地調整	設置環境	要求性能
・鋼橋 ・タンク ・鉄塔 　など	・新設 　（ブラスト処理 ISO Sa2 1/2 など） ・塗替え 　（素地調整程度1種～4種）	・外面（日照部） ・内面（非日照部） ・腐食環境 ・没水部 　など	・防食性 ・耐候性 ・耐水性 ・耐薬品性 ・耐熱性 　など

　塗装前には、これらを明確にしたうえで素地調整方法、防食下地、下塗、中塗、上塗に使用する塗料を選定する必要があります。その選定にあたっては、橋梁分野でも道路と鉄道ごとに各団体が定める基準・指針（**Q2-08**参照）に記されている塗料の組み合わせ、すなわち塗装系が参考になります。因みに、類似の用語に「塗装仕様」があります。塗装系が、防食下地及び下塗から上塗の組合せと各塗膜層の目標膜厚を指すのに対し、塗装仕様はこれに加えて、標準使用量や塗装間隔など、実際の作業に関する要素を加えて表にまとめたものを示します。

　ここでは鋼道路橋の塗替えを例として、「鋼道路橋防食便覧」に記載されている重防食塗装系 Rc-I 塗装系と一般塗装系 Ra-III 塗装系の塗装仕様のうち、塗料名、標準使用量、塗装間隔を**表2**及び**表3**に示します[1]。

表2 鋼道路橋の塗替え重防食塗装仕様 Rc-I 塗装系（スプレー塗装）

塗装工程	塗料名	標準使用量 （g/m²）	塗装間隔
素地調整	素地調整程度1種（ISO Sa 2 1/2）		4時間以内
防食下地	有機ジンクリッチペイント	600	1 ～ 10 日
下塗	弱溶剤形変性エポキシ樹脂塗料下塗	240	1 ～ 10 日
下塗	弱溶剤形変性エポキシ樹脂塗料下塗	240	1 ～ 10 日
中塗	弱溶剤形ふっ素樹脂塗料用中塗	170	1 ～ 10 日
上塗	弱溶剤形ふっ素樹脂塗料上塗	140	

なお、双方の塗装系は塗替え塗装系であるため、ここでは塗料の目標膜厚は示していません。これは、素地調整後の旧塗膜の残存や、鋼材の腐食などによる凹凸があるため、正確な膜厚を測定することが困難なためです。

表3 鋼道路橋の塗替え一般防食塗装仕様 Rc-III 塗装系 （刷毛・ローラー塗り）

工程	塗料名	標準使用量 (g/m^2)	塗装間隔 (20℃)
素地調整	素地調整程度3種		4時間以内
下塗	鉛・クロムフリーさび止めペイント （鋼材露出部のみ）	(140)	1～10日
下塗	鉛・クロムフリーさび止めペイント	140	1～10日
下塗	鉛・クロムフリーさび止めペイント	140	1～10日
中塗	長油性フタル酸樹脂塗料中塗	120	1～10日
上塗	長油性フタル酸樹脂塗料上塗	110	2～10日

Rc-I 塗装系では、素地調整程度1種を適用するのに対して、Ra-III 塗装系では素地調整程度3種となっています。このように、塗装系によっては求められる素地調整程度が異なることがわかります。また、Rc-I 塗装系と異なり、Ra-III 塗装系における中塗から上塗の塗装間隔には最低2日を要するなど、塗装系によって塗装仕様も異なります。このように、塗装系を決定する際には、塗装仕様からの情報も考慮して計画する必要があります。

ここでは主に、防食性と耐候性の両方が求められる屋外の外面部位への塗装について述べましたが、橋梁の桁内面など、水や塩分が滞留し腐食が進行しやすい部位や、プラント等で耐熱性や耐薬品性が必要な部位など、実際の環境は様々であり、塗装系も多岐に渡ります。また、気温、湿度、日照の有無などの塗装環境も季節や場所によって異なってきます。そのため、塗装部位に最適な塗装系を選定することが重要です。

[参考文献]

1) 公益社団法人日本道路協会：鋼道路橋防食便覧．pp.116-120, 2014

コーヒーブレイク① [鉄と鋼の違い]

一般に使用する用語としての鉄と鋼は、双方とも鉄 (Fe) と炭素 (C) の合金です。違いは、素材に含まれる炭素の量であり、炭素の合有量によって、鉄、鋼、鋳鉄に分類されます（鉄…約0.02%未満、鋼…約0.02～2.0%、鋳鉄…2.0%を超えるもの）。

一般の鋼材には、炭素以外にもマンガン (Mn) やケイ素 (Si)、りん (P)、硫黄 (S) などが含まれ、その合有量によって様々な性質の鋼材が存在します。また、クロム (Cr) やニッケル (Ni) などを配合することにより、ステンレス鋼に代表される耐食性などを向上させた鋼材も存在します。

Q2-06

Q 重防食塗装とはどのようなものですか？

A 重防食塗装とは、防食下地を有する、厳しい腐食環境において長期間の耐久性が期待できる塗装系です。新設塗装時には 30 年以上の耐久性が期待できます。

1．重防食塗装の定義 [1]

　重防食塗装は下記の条件を満足する常温硬化形塗料で構成される塗装系です。

① 無機ジンクリッチペイント、あるいは有機ジンクリッチペイントの防食下地を有すること。

　なお、溶融亜鉛めっき層や金属溶射皮膜も防食下地と見なすことができます。

② 腐食因子の遮断性に優れたエポキシ樹脂塗料、弱溶剤形変性エポキシ樹脂塗料、超厚膜形エポキシ樹脂塗料、ガラスフレーク含有エポキシ樹脂塗料などを下塗塗料とすること。

③ 耐候性に優れたポリウレタン樹脂塗料、ふっ素樹脂塗料などを上塗塗料とすること。

④ 合計膜厚は、250 〜 1000 μm 程度であること。

⑤ 新設塗装に期待する耐久性（防食性と耐候性）は、厳しい腐食環境で 30 年以上であること。

　＊重防食塗装の基本的な構成は **Q2-03** を参照

　なお、一般塗装系の塗替塗装時に、防食下地を施さず重防食塗装系に用いられる下塗、中塗、上塗塗料を塗装しても重防食塗装とは呼びません。

2．適用環境 [1]

　重防食塗装は、国内の大気腐食環境全般に適用されるものであり、水中部は適用対象外です。大気腐食環境は厳しい腐食環境と一般腐食環境に分けることができます。**表 1** に腐食環境区分を示します。

　厳しい腐食環境：海浜地区や海上などの潮風が強く、飛来塩分の影響を強く受ける環境

　一般腐食環境：都市部、田園部、山間部、工業地帯など飛来塩分の影響を受けにくい環境

表 1　国内の腐食環境区分 [1]

環境区分	地域での区分	鋼材腐食速度（μm/ 年）
一般腐食環境	山間部	〜 50
	田園部	
	都市部	
	工業地帯*	
厳しい腐食環境	海浜、海上部	50 〜 200

　＊工業地帯ではかつて、NO_x や SO_x など有害な排ガスを大量に放出しており、やや厳しい腐食環境と分類されていたが、現在は、公害対策が進んだため鋼材の腐食速度も大きくなく、一般腐食環境に区分される。

　また、一般腐食環境に分類してある地域区分においても、例えば山間部の道路橋では、冬季間の安全な

道路交通確保のために、塩化ナトリウムや岩塩などの凍結防止剤が大量に散布されているところもあり、そのような環境では散布量や鋼構造物の構造によっては厳しい腐食環境として取り扱うことになります。このように、同じ地域区分であっても、腐食性は大きく異なる事があるので注意が必要です。

次に、それぞれの環境区分における各塗装系の期待耐用年数を示します。

表2　各塗装系の期待耐用年数[2]

塗装系	環境区分	期待耐用年数
一般塗装系	一般腐食環境	10
	厳しい腐食環境	－ *
重防食塗装系	一般腐食環境	50
	厳しい腐食環境	30

＊：一般塗装系を厳しい腐食環境で適用すると数年で著しい塗膜劣化や腐食に至るため、ここでは数字を記載していない。

3. 塗装に関するライフサイクルコスト（LCC）低減効果

腐食環境が一般環境にある鋼橋の供用年数100年間における一般塗装系と重防食塗装系の塗装に関するLCC比較を図1に示します。新設時から塗替え時まで重防食塗装系を用いた③は、初期コストは高いものの、最もLCCを低減させる効果が高いことが分かります。

なお、塗装に関するLCCには塗膜点検や局部補修塗装、部分塗替塗装などの供用期間中に発生するメンテナンスコストが含まれるべきですが、鋼橋の形式、規模、点検頻度、足場・保護の面積、維持管理者の管理レベルなど不確定要素が多いため、本試算には含まれていません。

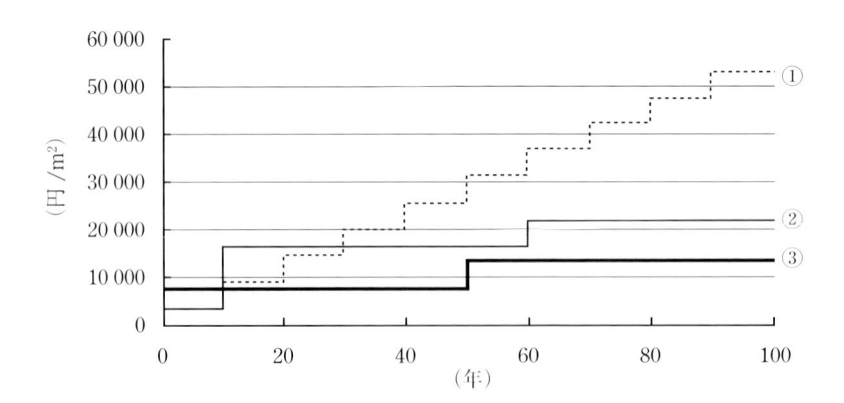

① 新設：一般塗装系 → 塗替：一般塗装系
② 新設：一般塗装系 → 塗替：重防食塗装系（素地調整程度1種）
　　　　　　　　　　→ 塗替：重防食塗装系（素地調整程度4種）
③ 新設：重防食塗装系 → 塗替：重防食塗装系（素地調整程度4種）
＊一部の表現を「鋼道路橋防食便覧」で用いられる表現に変更

図1　供用年数100年間のLCC比較（一般環境）[3]

［参考文献］
1）社団法人日本鋼構造協会：重防食塗装．pp.32-34, 2012
2）社団法人日本鋼構造協会：重防食塗装．p.90, 2012
3）社団法人日本鋼構造協会：重防食塗装．p.91, 2012

Q2-07

Q　塗料の色はどのように決めているのですか？

A　上塗塗料の色は鋼構造物の管理者が決定し、周辺環境との調和など、様々な要求事項により決められています。

　鋼構造物に使用される塗料には、防食下地、下塗塗料、中塗塗料、上塗塗料があり、防食下地のジンクリッチペイントを除いて着色されていることがほとんどです。ここでは、各塗料を着色する理由について説明します。

1．下塗塗料
・一般的にグレー、赤錆色などが多い
・同種の塗料を複数回塗り重ねる際には、異なる複数色を塗り重ねることがある

　下塗として用いられる塗料の色は、多くはグレーや赤錆色です。下塗を複数回塗り重ねる際には、塗り忘れを防ぎ、塗装工程の進捗を確認するために、異なる色の塗料が使われます。ただし、下塗塗料に対して上塗塗料を直接塗り重ねる塗装系の場合には、下塗塗料の色によっては完全に隠ぺいできないことがあります。このため、上塗塗料本来の色を阻害しないような色を選定する必要があります。

2．中塗塗料
・上塗塗料と同系統の色を選定するのが一般的である

　膜厚が 25 μm 程度である上塗は、色によっては下地が透けて見える場合があります。そのため、中塗塗料は上塗塗料と同系統の色とするのが一般的です。

3．上塗塗料
・美観性や周辺環境へ調和を考慮して色を選択する
・早期に変退色を起こさないような塗料を選定する

　上塗塗料の色は、美観性を考慮して選択されます。ただし、鋼構造物は大規模で目立ちやすいことから、色彩の周辺環境との調和、地域住民に与える影響について十分に検討する必要があります。関連する法律には平成 16 年に制定された「景観法」があり、673 の地方公共団体（平成 27 年 9 月末現在）が適用しており、そのうち 492 の団体が景観計画を策定しています [1]。例えば、臨海部における景観については、海という自然が基調となるため、タンク、プラントなど大型構造物の色には彩度の上限を設けて、景観との調和を図らなければなりません。

　色を決定する際には、対象物の環境等の情報を収集し、イメージを組み立てます。周辺の環境と色の調和を直感的に検討する方法の例として、完成予想図をイラストで比較するパース手法、コンピュータを使用したカラーシミュレーションなどがあり（**写真 1**）、対象物の色を季節変動による周辺環境の変化と合わせながら検討することが重要です。例えば、首都高速道路の橋梁では、かつては路線別に配色されてい

ましたが、現在は景観調和を重視し、コンクリート建築物が多い都心部にはグレーやベージュなどの
ニュートラル系を、水辺の臨海部・河川部には青系を、郊外部には調和しやすいベージュ系、というように
にエリア別に配色しています[2]。ただし、橋梁などで住民とのなじみが深く、地域のイメージの核となっ
ており、地域のランドマークの役割を果たしている場合には、色彩基準の例外とすることもあります[3]。
また、鉄塔や煙突など、高さ 60 m 以上の構造物には定められた色を塗装して昼間障害標識とすることが
法令で定められています。

　実際の塗料の色は、マンセルブックや一般社団法人日本塗料工業会発行の塗料用標準色などの色見本帳
から選択されるケースが多くなっています。材料面では、オレンジや黄色の色相を得るための有機着色顔
料は、下地の隠ぺい力が劣ることから避けた方がよいとされ、鋼道路橋防食便覧に「制限色」として具体
的な色が記載されています[4]。

写真 1　橋の色彩設計に用いるカラーシミュレーション例（左：同一系統色による調和、右：
　　　　色差を強調した配色）[5]

［参考文献］
1) 国土交通省：景観法の施行状況（平成 27 年 9 月 30 日時点）
2) 首都高速道路：環境レポート 2014, p.26, 2014
3) 東京都：東京都景観色彩ガイドライン，p.5, 2007
4) 公益社団法人　日本道路協会：鋼道路橋防食便覧，p.II-29, 2014
5) 社団法人 日本塗料工業会：重防食塗料ガイドブック第 4 版，p.139, 2013

Q2-08

Q 塗料の規格や塗装に関する基準・指針にはどのようなものがありますか？

A 代表的な塗料の規格には日本工業規格（JIS）があります。塗装に関する基準・指針は各団体で定められています。

1．塗料の規格

　国内の工業製品に関する代表的な規格には日本工業規格（JIS）があり、数多くの規格が「規格票」に記載されています。塗料に関する規格については、塗料一般試験方法、塗料成分試験方法、製品規格に関して制定され、各々の内容は「規格票」に詳しく記載されています。これらをまとめて可能な限りを収録したものとして、「JIS ハンドブック 30 塗料」が挙げられます。

　そのうち、塗装による防食に関連する規格（塗料規格）の例を**表1**に、その内容例として「JIS K 5659 鋼構造物用耐候性塗料 上塗塗料 1 級」の試験項目を**表2**に示します。塗料の状態、塗装後の乾燥性、塗

表1　関連する塗料規格の一例

規格	対象塗料	規格	対象塗料
JIS K 5516: 2003	合成樹脂調合ペイント	JIS K 5621: 2008	一般用さび止めペイント
JIS K 5551: 2008	構造物用さび止めペイント	JIS K 5633: 2002	エッチングプライマー
JIS K 5552: 2002	ジンクリッチプライマー	JIS K 5659: 2008	鋼構造物用耐候性塗料
JIS K 5553: 2002	厚膜形ジンクリッチペイント	JIS K 5674: 2008	鉛・クロムフリーさび止めペイント

表2　「JIS K 5659 鋼構造物用耐候性塗料 上塗り塗料 1 級」の試験項目と品質

項目	上塗り塗料 1 級の品質
容器の中の状態	かき混ぜたとき、堅い塊がなくて一様になる。
表面乾燥性	表面乾燥する。
塗膜の外観	正常である。
ポットライフ	規定時間後、使用できる。
隠ぺい率　%	白・淡彩は 90 以上、鮮明な赤及び黄は 50 以上、その他の色は 80 以上
鏡面光沢度（60 度）	70 以上
耐屈曲性	折曲げに耐える。
耐おもり落下性	塗膜に割れ及びはがれが生じない。
層間付着性	異常がない。
耐アルカリ性	異常がない。
耐酸性	異常がない。
耐湿潤冷熱繰返し性	湿潤冷熱繰返しに耐える。
混合塗料中の加熱残分	白・淡彩は 50 以上、その他の色は 40 以上
促進耐候性	照射時間 2000 時間の促進耐候性試験に耐える。
屋外暴露耐候性	光沢保持率が 60 % 以上で白亜化の等級が 1 又は 0

膜の外観、付着性、物性、耐久性というように、塗料から塗装作業を経て塗膜に至るプロセスに沿った試験内容となっています。いわゆるJISマークは、このような規格に適合した塗料製品にのみ表記されます。

2．塗装工程の基準及び指針

　前述のJIS規格が塗料そのものの規格であるのに対して、塗装作業に関しても多くの基準や指針が存在します。鋼道路橋の防食の中で代表的な指針である「鋼道路橋防食便覧」や、鋼鉄道橋の技術マニュアルとして活用されている「鋼構造物塗装設計施工指針」など、各団体によって対象物に応じた基準や指針が制定されています。対象物と各団体による基準、指針の例を**表3**に示します。これらには、素地調整、塗料の種類、塗装仕様、塗装作業、塗膜の維持管理などの内容が詳細に記されています。

表3　鋼構造物の防食を塗装で行う場合に適用する基準・指針

制定団体	名称
公益社団法人日本道路協会	鋼道路橋防食便覧
東日本高速道路株式会社	
中日本高速道路株式会社	構造物施工管理要領
西日本高速道路株式会社	
本州四国連絡高速道路株式会社	鋼橋等塗装基準
首都高速道路株式会社	橋梁塗装設計施工要領
名古屋高速道路公社	塗装設計施工基準
阪神高速道路株式会社	土木工事共通仕様書
福岡北九州高速道路公社	設計基準第3部、構造物設計基準
公益財団法人鉄道総合技術研究所	鋼構造物塗装設計施工指針
公益社団法人日本水道協会	ＪＷＷＡ規格
日本水道鋼管協会	日本水道鋼管協会規格
一般社団法人電力土木技術協会	水門鉄管技術基準（水門扉編）
国土交通省	機械工事塗装要領（案）・同解説

　塗装仕様の例として、「鋼道路橋防食便覧」の新設塗装仕様には、外面用（C-5, A-5塗装系）[1]、内面用（D-5, D-6塗装系）[2]、などがあります。塗替え塗装仕様についても、旧塗膜の塗装系や素地調整程度により分類されています[3]。このように、状況に応じた塗装仕様を選択できるようになっています。

［参考文献］

1)　公益社団法人 日本道路協会：鋼道路橋防食便覧．pp. II-31-33, 2014
2)　公益社団法人 日本道路協会：鋼道路橋防食便覧．pp. II-33-34, 2014
3)　公益社団法人 日本道路協会：鋼道路橋防食便覧．pp. II-116-120, 2014

Q2-09

Q 弱溶剤形塗料とはどのような塗料ですか？

A 塗料中の主な溶剤成分がミネラルスピリット等、溶解性の低い第3種有機溶剤を使用する塗料です。主な特徴として、塗り重ねをしても旧塗膜を侵しにくいことや刺激臭が少ないことが挙げられます。

1. 弱溶剤形塗料の特徴

　弱溶剤形塗料は、塗料中に含まれる溶剤が第3種有機溶剤を主成分としたもので、通常の溶剤形塗料に用いられている第2種有機溶剤が5wt％未満で、かつ第1種有機溶剤を含まない塗料のことです。第3種有機溶剤は第2種有機溶剤に比べ溶解力が弱いため、第3種有機溶剤を主成分とした塗料は弱溶剤形塗料と呼ばれます。なお、第2種有機溶剤を主成分とする塗料は強溶剤形塗料とも言われます。

　この塗料の特徴は、第2種有機溶剤を含む強溶剤形塗料に比べて、長油性フタル酸樹脂塗膜や塩化ゴム系塗膜等の旧塗膜を侵しにくく、塗替え塗装時や塗替え経年後の変状を起こしにくいことから主に塗替え塗装に適用されます。例として、強溶剤形塗料で塩化ゴム系旧塗膜等を塗り替えた場合に生じることがある欠陥を**写真1**に示します。

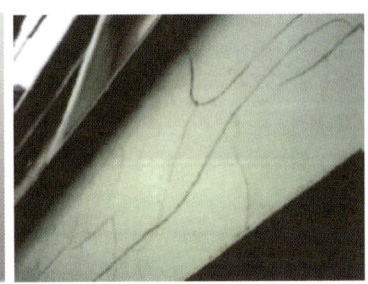

写真1　塩化ゴム系旧塗膜を強溶剤形塗料で塗り替えた場合の欠陥
（左：塗装時のちぢみ[1]、右：経年後の割れ[2]）

　また、強溶剤形塗料に比べて、その他にも下記のような特徴を有しています。
・作業者への有機溶剤中毒のリスクが低い
・刺激臭が少ないため、作業者や周辺環境への負荷が少ない
・揮発した溶剤のオゾン生成能が低いので、光化学スモッグ等の大気汚染対策に有効
・引火の危険性が低く（引火点が高い）、消防法の指定数量による貯蔵量制限を受けにくい

2. 弱溶剤形塗料の種類

　表1に示すように、弱溶剤形塗料には強溶剤形塗料と同様に、防食下地、下塗、中塗、上塗の塗料があります。また、塗装時に不具合や欠陥を生じることがあるため、下塗が弱溶剤形塗料で中塗が強溶剤形

塗料のように、弱溶剤形塗料と強溶剤形塗料が組み合わせて使うことはありません。

表1 弱溶剤形塗料の種類

塗装工程	塗料名
防食下地	弱溶剤形有機ジンクリッチペイント
下塗	弱溶剤形変性エポキシ樹脂塗料下塗
中塗	弱溶剤形ふっ素樹脂塗料用中塗又は、弱溶剤形ポリウレタン樹脂塗料用中塗
上塗	弱溶剤形ふっ素樹脂塗料上塗又は、弱溶剤形ポリウレタン樹脂塗料上塗

3. 第3種有機溶剤、第2種有機溶剤の特性

　弱溶剤形塗料の特徴は、塗料に含まれる有機溶剤が第3種であることに起因します。有機溶剤は、労働安全衛生法の有機溶剤中毒予防規則に第1種、第2種、第3種に分類されており、約40種類の有機溶剤があります。そのうち、鋼構造物塗料に含まれる有機溶剤は、それらの一部が用いられています。

　第3種有機溶剤は、多くの炭化水素化合物からなる混合物で、塗料溶剤として主に用いられるものはJIS K 2201で工業ガソリン第4号に分類されるミネラルスピリットであり、原油を分留して得られる溶剤です。表2のように、蒸気圧が第2種有機溶剤のトルエンやキシレンと比較して低く（揮発しにくい）、沸点は高く[3]、刺激臭が少ないという特徴は主にこれに起因しています。また、第3種有機溶剤は光化学スモッグの原因となるオゾンを生成しにくい特徴もあります。オゾンの生成しやすさは、VOC（Volatile Organic Compounds: 揮発性有機化合物）1 g が生成しうるオゾンの g 数を表す MIR（Maximum Incremental Reactivity: 最大オゾン生成能）値で表されます。強溶剤形塗料で用いられるトルエンやキシレンと比べ、ミネラルスピリットは低い値となっており、オゾンが発生しにくいと言えます[4]。

表2 第2種、第3種有機溶剤の特性比較

分類	溶剤種	蒸気圧（Pa）	沸点（℃）	MIR 値
第2種有機溶剤	トルエン	3 800（25℃）	111	3.88
	o-キシレン	700（20℃）	144	7.44
第3種有機溶剤	ミネラルスピリット	30〜60（20℃）	150〜290	0.65〜1.75

4. 弱溶剤形塗料使用時の留意点

　弱溶剤の性質上、通常の溶剤形塗料と比べると乾燥硬化は若干遅くなる点には注意が必要です。また、刺激臭は少ないものの大気中への揮発量はゼロではないので、現場作業者の溶剤中毒や周囲への臭気防止の対策については、従来の溶剤形と同様に留意する必要があります。

［参考文献］
1) 一般社団法人 日本鋼構造協会：重防食塗装．p. 141, 2012
2) 公益社団法人 日本道路協会：鋼道路橋防食便覧．p. II-221, 2014
3) 国際化学物質安全性カード（ICSC）
4) William P. L. Carter: California Air Resources Board Contract 07-339 "UPDATED MAXIMUM INCREMENTAL REACTIVITY SCALE AND HYDROCARBON BIN REACTIVITIES FOR REGULATORY APPLICATIONS", 2009

Q2-10

Q 水性塗料とはどのような塗料ですか？

A 水性塗料は有機溶剤の代わりに水を使用する塗料で、希釈にも水を使用します。したがって、一般的な塗料に比べて地球環境や作業者への安全に配慮された塗料といえます。

1．水性塗料の特徴

　一般的な塗料は、樹脂、顔料、添加剤、有機溶剤で構成されていますが、水性塗料は有機溶剤の代わりに水を用いている※ため、以下に示すように環境や安全の面から、いろいろな特徴があります。

- ・塗料は非危険物となり火災の危険性が少ない
- ・塗料中の VOC（Volatile Organic Compounds: 揮発性有機化合物）がきわめて少ない
- ・溶剤中毒になりにくい
- ・溶剤臭気がほとんどない
- ・旧塗膜を侵しにくい
- ・水道水を希釈剤に使用できる

※鋼構造物用の水性塗料には、塗料の安定化のために数％の有機溶剤が含まれます。

　水性塗料は、環境や安全の観点から、最近鋼構造物へ適用され始めたばかりです。しかし、一般社団法人日本塗料工業会規格 JPMS 30、JPMS 31 制定（平成 28 年 7 月 14 日）され、JIS にも規格が制定される方向で検討が進められています。今後の社会動向や要求に伴い、さらに適用が増えていくと考えられます。

2．水性塗料の種類と塗装系

　表 1 に示すように、鋼構造物に適用される水性塗料には、一般的な塗料と同様に防食下地、下塗、中塗、上塗の塗料があります。

表 1　水性塗料の種類

塗装工程	塗料名
防食下地	水性有機ジンクリッチペイント
下塗	水性エポキシ樹脂塗料下塗、水性変性エポキシ樹脂塗料下塗
中塗	水性ふっ素樹脂塗料用中塗、水性ポリウレタン樹脂塗料用中塗
上塗	水性ふっ素樹脂塗料上塗、水性ポリウレタン樹脂塗料上塗

　塗装系としては、これらの全ての塗料を組み合わせた塗装系をはじめ、防食下地と下塗は溶剤形塗料を適用し中塗と上塗を水性塗料とするケース等があり、鋼構造物の種類や新設・塗替の区分等によって異なります。水性塗料を用いた塗装系、塗装仕様の例としては、鋼道路橋防食便覧に記載されている「環境に優しい塗装仕様の例 [1)] や、鉄道総合技術研究所発行の「鋼構造物塗装設計施工指針」に記載されている

「塗装系 ECO」[2] があります。さらには、東京都環境局発行の東京都 VOC 対策ガイド［建築・土木工事編］には「超低 VOC 塗装」[3] の例があります。

3．水溶性塗料に用いられる樹脂

　水性塗料に用いられる樹脂は、溶剤型塗料のものとは異なります。溶剤形塗料の樹脂成分をそのまま水性塗料に適用しても、水に溶けず、また安定な塗料となりません。樹脂を水に溶解させたり、水の中で安定な状態するために、次の三つ方法があります [4]。

- ・樹脂が水に溶解する水溶性樹脂
- ・樹脂が水中で粒子状に分散（粒子径 0.01〜0.1 μm、半透明）したコロイダルディスパージョン
- ・樹脂が水中で粒子状に分散（粒子径 ≧ 0.1 μm、乳白色）するように設計されたエマルション

　これらの樹脂を使用して、要求性能に見合った水性塗料が作られます。水性塗料を塗装した後の乾燥は、水分の揮発が律速となり、硬化は主に化学反応で進行します。完全に硬化した塗膜は、溶剤形と同様に水に溶解することなく、また、塗膜性能も同種の溶剤形塗料と変わりがなく、優れた塗膜性能を発現します。

4．水性塗料使用時の留意点

　従来の溶剤形塗料と比べた場合の留意点は下記のとおりです。

- ・水は有機溶剤と比較して揮発しにくいため、塗装時や乾燥過程で気象条件の影響（降雨、湿度、気温）を受けやすく、塗装欠陥を生じることがある
  　⇒使用塗料の塗装禁止条件を確認・厳守する
- ・樹脂の固形分が少なく塗料粘度が低いため、たれや色別れを生じることがある [1,5]
  　⇒規定膜厚以上に塗装しないようにする
- ・長い期間低温（0℃以下）状態に置かれた場合、凍結し塗料状態が損なわれ、使用できなることがある
  　⇒低温を避けて保管する

　また、水性塗料を鋼材面に塗装すると、フラッシュラストと呼ばれる点錆が生じる可能性があります。これを防止するための工夫が、塗料成分や塗装工程面から検討されていますが、鋼材面への塗装のみ溶剤形塗料を用いる場合もあります。

［参考文献］
1) 公益社団法人日本道路協会：鋼道路橋防食便覧，pp.II-207-209, 2014
2) 財団法人鉄道総合技術研究所：鋼構造物塗装設計施工指針，p.90, 2005
3) 東京都環境局：東京都 VOC 対策ガイド（屋外塗装編），pp.I-16, 2013
4) 社団法人日本塗料工業会：重防食塗料ガイドブック第 4 版，pp.78-80, 2013
5) 社団法人日本鋼構造協会：重防食塗装，pp.227-228, 2012

Q2-11

Q 無溶剤形塗料とはどのような塗料ですか？

A 有機溶剤をほとんど含まない塗料で、橋梁の箱桁内面など有機溶剤中毒や、引火、爆発の危険性が高い場所に使用されたり、厳しい腐食環境の海洋鋼構造物などで非常に厚く（mm 単位）塗装されたりします。

1．無溶剤形塗料の特徴

　無溶剤形塗料は有機溶剤をほとんど含まない塗料であり、大きく分けて2つのタイプの塗料があります。1つは、橋梁の箱桁内面などの閉鎖空間における塗替え塗装に際して、作業者の有機溶剤中毒と引火、爆発の回避などの塗装作業中の安全を確保するための塗料で、橋梁の箱桁内面や橋脚内面やアンカー内面の塗替え塗装などで適用されています。もう1つは、非常に厳しい腐食環境にある海洋鋼構造物でも特に長期耐久性が求められる飛沫帯、干満帯に数 mm の厚みで塗装する場合に使用される塗料であり、超厚膜形被覆材と呼ばれます。

2．橋梁などの閉塞空間における安全確保のための無溶剤形塗料

　橋梁の箱桁内面など、溶剤蒸気が充満しやすい閉塞空間においては、溶剤中毒や引火による火災の危険性が高くなります。そのため、本塗料を適用することにより、作業者や作業空間の安全が確保されます。無溶剤形塗料の主な特徴は下記のとおりです。

・溶剤中毒や引火による火災の危険性が低い

・消防法上の指定可燃物に分類される場合が多く、危険物よりも多量に貯蔵可能である

・ほとんどがエポキシ樹脂系の塗料である

・統一された定義はないが、有機溶剤の含有量が極めて少なく、環境負荷が小さい塗料である

　（例）日本塗料工業会：VOC（Volatile Organic Compounds: 揮発性有機化合物）の含有量が1％以下である塗料[1]

　　　　鋼構造物塗装施工設計指針：溶剤の検出を認めないこと[2]

表1に鉄道橋の箱桁内面等の密閉空間で使用される塗装系の例を示します[3]。

表 1　鋼鉄道橋用箱桁内面等の塗装仕様

塗装系	工程	塗料名	標準使用量（g/m²）	塗装間隔
W-7	第1層	無溶剤型変性エポキシ樹脂塗料	はけ・ローラ 300	2～7 日
	第2層	無溶剤型変性エポキシ樹脂塗料	はけ・ローラ 300	

3．海洋鋼構造物の長期耐久性確保のための超厚膜形被覆材

　非常に厳しい腐食環境に曝され、長期の耐久性が要求される海洋鋼構造物には、遮断効果による防食効

果が求められることから、一度に数 mm 厚の塗膜が形成可能な超厚膜形被覆材が適用されます。海洋鋼構造物などに多くの実績があり、水中施工できる超厚膜形被覆材もあります。ます。**写真 1** に関西国際空港連絡橋の飛沫・干満滞に適用された例を示します。

写真 1　超厚膜形被覆の適用事例

超厚膜形被覆材の主な特徴は下記のとおりです。
・塗料の粘度が高く、数 mm の超厚膜被覆が可能である
・数 % 程度の有機溶剤が含まれる超厚膜形被覆材もある
・超厚膜形被覆材にはエポキシ樹脂系及びポリウレタン樹脂系がある
・新設塗装は特殊なエアレス塗装機で塗装する

4．無溶剤形塗料及び超厚膜形被覆材の使用時の留意点

溶剤を含有する一般的な塗料に比べ、使用に際しては下記の点に留意する必要があります。
・塗装時にシンナーを用いてはならない
・塗料混合後の反応熱によって塗料が熱を持つため、可使時間は短い
・塗料の粘度が高く可使時間が短いので、塗装しにくい
・見かけの硬化が遅く、特に低温時に顕著である
　⇒ 硬化性を高めた低温対応タイプの硬化剤もある
・低分子量の樹脂が使用されることから、皮膚障害を発症する場合がある
　⇒ 塗装作業に当たっては作業環境の換気や保護具の着用が必要である

［参考文献］
1）一般社団法人日本塗料工業会：環境配慮塗料の種類と内容，2009
2）公益財団法人鉄道総合技術研究所：鋼構造物塗装設計施工指針，p. 付属 -22, 2013
3）公益財団法人鉄道総合技術研究所：鋼構造物塗装設計施工指針，p.III-21, 2013

Q2-12

Q 低溶剤形塗料とはどのような塗料ですか？

A 一般的な溶剤形塗料よりも揮発性有機化合物（VOC）が少ない塗料のことで、ハイソリッド塗料とも呼ばれます。厚膜で塗装できるため、省工程が可能となります。

1．低溶剤形塗料の特徴

　低溶剤形塗料は、一般的な溶剤形塗料より VOC（Volatile Organic Compounds: 揮発性有機化合物）が少ない塗料で厚膜に塗装できるので、一般部に比べ腐食しやすいため塗装回数が多いボルト添接部や溶接部などに使用され、塗装回数を極力少なくして塗装工程の短縮を図るためにも適用される塗料です。下記の特徴があります。

・一般的な溶剤形塗料に比べ厚膜塗装が可能で、塗装回数の低減が図れる

・一般的な溶剤形塗料に比べ塗料に含まれる有機溶剤量が少ない

・統一された定義はないが、通常の溶剤形塗料よりも VOC が少なく環境にやさしい

日本塗料工業会…塗料中の VOC が 30 wt%以下または塗装時の VOC が 420 g/L 以下の塗料

土木研究所………塗装時（希釈も含む）の VOC 量が 30 wt%以下

・塗装作業性は、無溶剤形塗料よりも優れているが、溶剤形塗料に比べて少し劣る

2．低溶剤形塗料のメリット

　低溶剤形塗料を用いるメリットは、VOC 排出量削減に加え、塗装回数を省略することによる工程短縮と、それに伴う施工コスト削減が可能となる点が挙げられます。独立行政法人（現国立研究開発法人）土木研究所では、塗料メーカー5社との共同研究で河川構造物の現場塗替塗装に低溶剤形エポキシ樹脂塗料の適用検討を実施した結果、従来のエポキシ樹脂塗料と同等の性能を有していると報告されています[1]。その時の塗装仕様例を**図1**に示します。

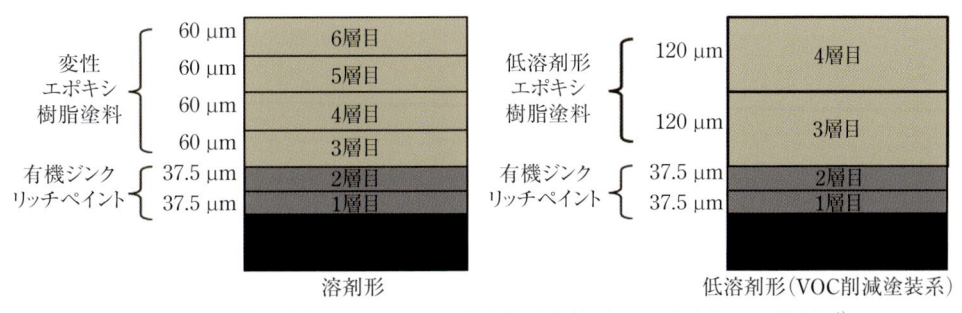

図1　河川鋼構造物水中部 VOC 消減塗装提案仕様（VOC 消減率 50%程度）[1]

　この例では工程短縮のみならず、VOC が通常の溶剤形と比べて全体で約 50%削減されていることも特

長です。また、塗装作業性については、通常の溶剤形塗料と比べてやや仕上がりや外観が劣るものの、Q2-11 の無溶剤形塗料よりも施工性が良好であるとされています[2]。

また膜厚 300 μm の超厚膜塗装にも適しており、鋼橋のボルト接合部や溶接部など、塗装対象の形状が複雑で膜厚を確保しにくい場合や、一般部よりも劣化が早いと考えられる部位に用いられます。乾燥膜厚 300 μm の塗装が可能な超厚膜形エポキシ樹脂塗料と呼ばれる低溶剤形塗料の適用例を**写真 1** に、鋼道路橋防食便覧の「高力ボルト連結部の塗装仕様 F-11」を**表 1** に示します[3]。

上で述べたエポキシ樹脂塗料の他に、変性エポキシ樹脂塗料、ポリウレタン樹脂塗料上塗などを厚膜タイプとして実用化されており、最近ではふっ素樹脂塗料やシリコン変性エポキシ樹脂塗料なども開発されています。

写真 1 低溶剤形塗料（超厚膜形エポキシ樹脂塗料）の適用例

表 1 鋼道路橋における高力ボルト連結部の塗装仕様例

塗装 工程		塗料名	塗装方法	使用量 (g/m²)	目標膜厚 (μm)	塗装間隔
製鋼工場	1次 素地調整	ブラスト処理ISO Sa 2 1/2				4時間以内
	プライマー	無機ジンクリッチプライマー	スプレー	160	(15)	6ヶ月以内
製作工場	2次 素地調整	ブラスト処理ISO Sa 2 1/2				4時間以内
	防食下地	無機ジンクリッチペイント	スプレー	600	75	1年以内
現場	素地調整	動力工具処理ISO St3				4時間以内
	ミストコート	変性エポキシ樹脂塗料下塗	スプレー（刷毛・ローラー）	160 (130)	-	1～10日
	下塗り	低溶剤形塗料（超厚膜型エポキシ樹脂塗料）	スプレー（刷毛・ローラー）	1100 (500×2)	300	1～10日
	中塗り	ふっ素樹脂塗料用中塗	スプレー（刷毛・ローラー）	170 (140)	30	1～10日
	上塗り	ふっ素樹脂塗料上塗	スプレー（刷毛・ローラー）	140 (120)	25	1～10日

［参考文献］

1) 独立行政法人土木研究所，関西ペイント株式会社，株式会社トウペ，神東塗料株式会社，中国塗料株式会社，日本ペイント株式会社，大日本塗料株式会社：共同研究報告書整理番号第 411 号　鋼構造物塗装の VOC（揮発性有機化合物）削減に関する共同研究報告．pp.II-58-80, 2010

2) 独立行政法人土木研究所，関西ペイント株式会社，株式会社トウペ，神東塗料株式会社，中国塗料株式会社，日本ペイント株式会社，大日本塗料株式会社：共同研究報告書整理番号第 411 号　鋼構造物塗装の VOC（揮発性有機化合物）削減に関する共同研究報告．p.II-81, 2010

3) 公益社団法人日本道路協会：鋼道路橋防食便覧．p.II-64, 2013

Q2-13

Q ジンクリッチペイントは防食上どのような役割を担うのですか？

A ジンクリッチペイントは、亜鉛の犠牲防食作用を利用して鋼材の腐食を抑制する塗料です。重防食塗装の防食の要となる塗料であり、防食下地とも呼ばれます。

ジンクリッチペイントは、ブラスト処理した後の鋼材に直接塗られる、防食を目的とした亜鉛末を多く含む塗料です。重防食塗装の防食下地として最も広く使用されており、無機ジンクリッチペイントと有機ジンクリッチペイントがあります。

1．ジンクリッチペイントの機能 [1]

① 亜鉛の犠牲防食作用による鋼材の腐食抑制

一般的な屋外環境において、ジンクリッチペイント層が腐食環境に接すると、亜鉛が優先的に腐食して鋼材が保護されます（図1）。

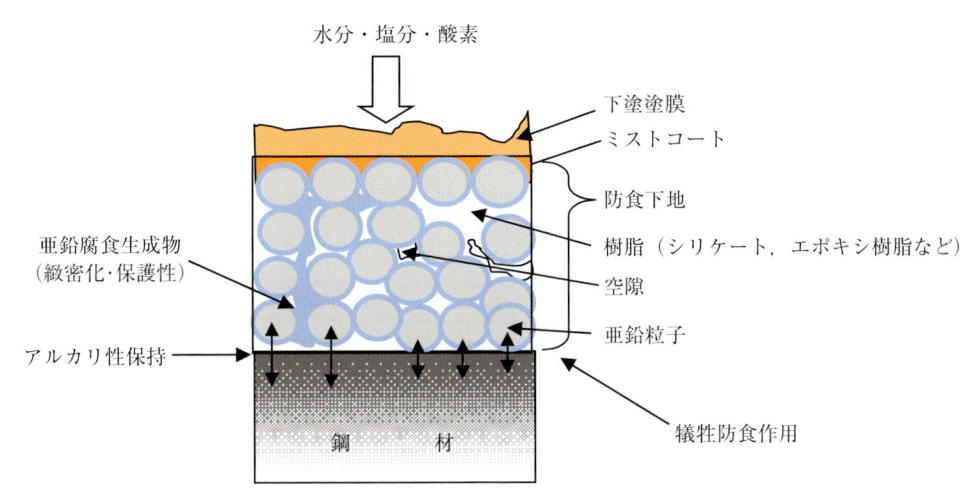

図1　ジンクリッチペイントを用いた塗膜断面の模式図 [1]

② 亜鉛腐食生成物による腐食抑制作用

亜鉛粒子が水分と反応して亜鉛の腐食生成物に変化した場合においても、亜鉛イオンが鋼材に対して化学的に作用するため防食性は持続します。また、亜鉛の腐食生成物がジンクリッチペイントの空隙を埋め緻密化することで、腐食因子の侵入を抑制する効果もあります。

図2に防食下地の有無による防食効果について、重防食塗装系と一般塗装系を比較した結果を示します。塗膜に鋼素地に達するカットを入れて4年間沖縄に暴露した試験板の評価では、防食下地を用いない一般

塗装系の場合には厚さ3mmの鋼板を貫通するほど腐食が確認されています。一方、防食下地（無機ジンクリッチペイント）のある重防食塗装系の場合には板厚現象は確認されず、高い防食性を有することが示されています。

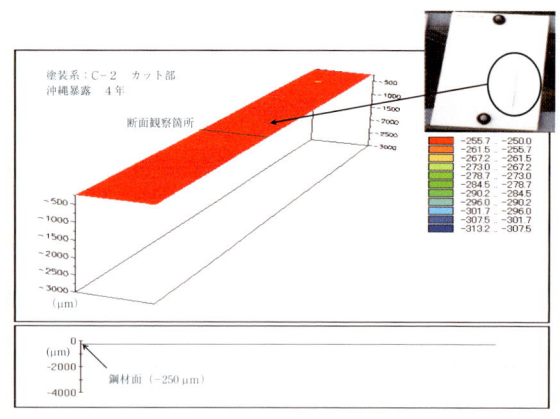
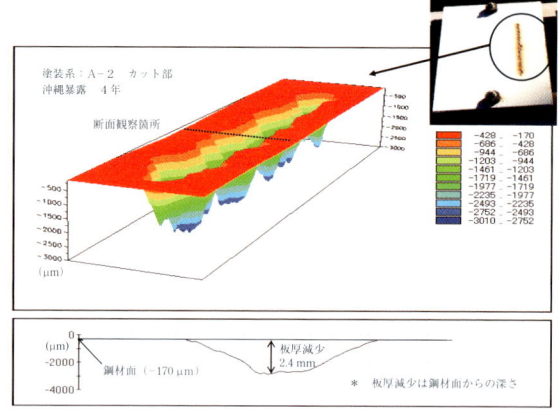

重防食塗装系　　　　　　　　　　　　　　　　　　一般塗装系

図2　防食下地の有無による防錆効果の比較[2]

2．無機ジンクリッチペイントと有機ジンクリッチペイントの比較

・無機ジンクリッチペイント

金属亜鉛末とシリケートを主成分とした塗料です。付着性が比較的低いので、入念な素地調整程度が要求され、また、湿度の影響を受けやすいなど、塗装作業条件も厳しいため、塗替塗装への適用は難しいとされています。

・有機ジンクリッチペイント

金属亜鉛末とエポキシ樹脂を主成分とした塗料です。無機ジンクリッチペイントと比較して防食性はやや劣るものの、付着性がよく動力工具で素地調整を行った鋼材面にも塗付出来るので、新設塗装、塗替塗装に適用されています。

表1　無機ジンクリッチペイントと有機ジンクリッチペイントの比較[3]

項目	無機ジンクリッチペイント	有機ジンクリッチペイント
塗装作業性	・素地調整としてブラスト処理が必要、油脂等の汚染に敏感 ・エポキシ樹脂系より、変質しやすいので、高度な塗料管理が求められる ・塗膜厚管理が必要で、硬化中のき裂、気泡の発生を防ぐために、過大膜厚にならないように注意 ・塗膜硬化には適当な湿度範囲が必要 ・塗り重ねる塗料の吸込みや気泡発生が生じやすいので、ミストコートが必要	・無機系と比較して、環境条件、下地処理程度等の施工条件の許容度が大きい ・塗料配合の自由度が大きく、塗膜物性や作業性などを向上させたり、硬化方法を選択することが可能である ・低温硬化が遅い ・層間剥離や塗装間隔に要注意 ・塗り重ねる塗料の吸込みや気泡発生が懸念される場合にはミストコートが必要
塗膜の性質	・防食性に優れる ・耐熱性、耐溶剤性が良好である	・無機系と比較して、防食性が低い ・無機系と比較して、塗膜の加工性、たわみ性が良い

［参考文献］
1）社団法人日本鋼構造協会：重防食塗装, pp.35-37, 2012
2）社団法人日本道路協会：鋼道路橋防食・塗装便覧, p.II-21, 2006
3）公益財団法人鉄道総合技術研究所：鋼構造物塗装設計施工指針, p9, 2005

Q2-14

Q 上塗塗料の種類によって耐候性に差がありますか？

A これまでの試験結果などから、各種上塗塗料の耐候性には差があることが分かっており、現状で最も優れた耐候性を有するのはふっ素樹脂塗料とされています。

重防食塗装では、上塗塗膜が長期にわたり耐候性を保持しないと、塗膜の消耗や腐食因子の遮断性能が低下して、中塗、下塗及び防食下地が劣化、消耗して防食機能が低下します。また、上塗塗膜が劣化して、艶引けや色の変化をおこすと美観上の塗替えが必要となる場合があります。このように、重防食塗装系において、上塗塗膜の耐候性は重要な役割を担っています。

1. 塗料による耐候性の違い

上塗塗膜の耐候性については、さまざまな検討がなされてきました。その耐候性を評価する指標の一つとして、屋外暴露時の塗膜の光沢保持率、白亜化、膜厚減耗量などを評価する手法があります。光沢保持率は、暴露試験開始時の上塗り塗膜の光沢値を初期値としたときの保持率（％）で表されます。白亜化は膜の成分が劣化して表面が細かい粉のようになっている現象です。**図 1** に、異なる上塗塗料を用いた塗装試験板を駿河湾の海上に 20 年間暴露し、それぞれの塗装試験板について光沢保持率及び白亜化を評価した結果について示します。光沢保持率、白亜化共にふっ素樹脂塗料が最も良い値を示しています。

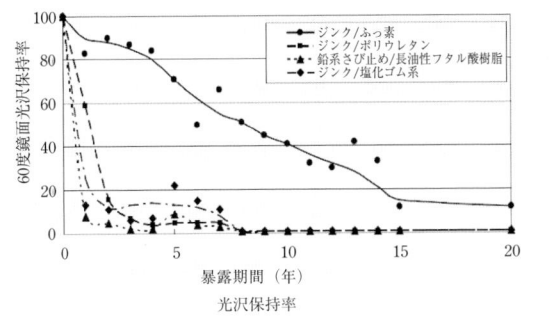
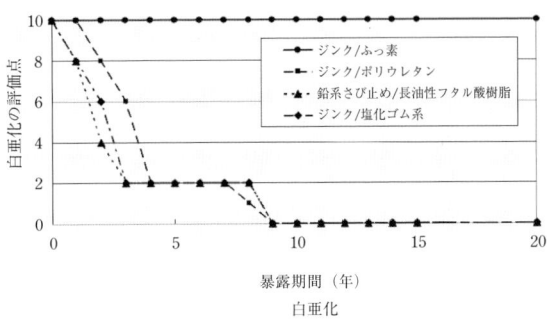

図 1 長期耐候性試験結果（駿河湾海上暴露 20 年の結果[1]）

ふっ素樹脂塗膜とポリウレタン樹脂塗膜を広島市内で 15 年間暴露した後、塗装試験板を切断し、塗膜の膜厚減耗量を確認した塗膜断面写真を写真 1 に示します。太陽光を遮断したマスキング部と暴露部を比較すると、樹脂種によって膜厚減少量は異なっており、ポリウレタン樹脂塗膜と比較して、ふっ素樹脂塗膜の膜厚減少量が非常に少ないことが分かります。

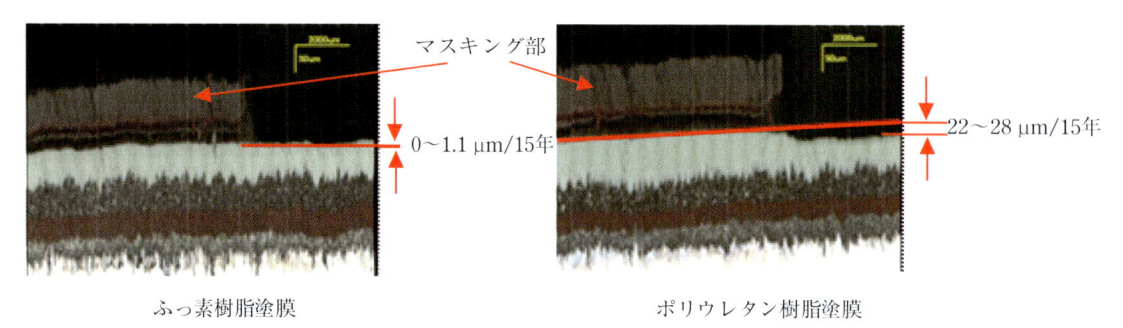

ふっ素樹脂塗膜 ／ ポリウレタン樹脂塗膜

図3 暴露 15 年（広島市）の膜厚減少量 [2]

　以上のように、上塗塗料の種類により耐候性は大きく異なり、鋼構造物に主に用いられている上塗塗料においては、ふっ素樹脂塗料が最も耐候性に優れているとされています。

2．高耐久性ふっ素樹脂塗料

　近年、ふっ素樹脂塗料の耐候性をさらに向上させる開発、検討がされています。塗料に用いられている樹脂の劣化は、主に紫外線により樹脂の分子結合が切断されることによってもたらされますが、特殊な湿潤環境下では、白色顔料に用いられている酸化チタンの光触媒活性による劣化が知られています。これは、酸化チタンの表層部で発生した高活性な OH ラジカルを要因とした樹脂の劣化であり、ポリウレタン樹脂のみならず、高耐候性を有するふっ素樹脂でも生じます。この光触媒活性による劣化の対策として酸化チタンを被覆することなどの取組みがされています。本州四国連絡高速道路株式会社では、高耐久性ふっ素樹脂塗料の暫定規格を制定し、ふっ素樹脂塗料の更なる耐候性向上を目指しています [3]。

［参考文献］
1）独立行政法人土木研究所：海洋鋼構造物の耐久性向上技術に関する共同研究報告書．整理番号第 354 号．p.27, 2007
2）社団法人日本鋼構造協会：ふっ素樹脂塗料の性能調査と評価(6)．鉄構塗装技術討論会発表予稿集．Vol.31, p.41, 2008
3）一般社団法人日本防錆技術協会：防錆管理．Vol.60, No.8, pp.307-312, 2016

Q2-15

Q 1工事あたりの塗装コストを削減するためにはどのような手法がありますか？

A 1工事あたりの塗装コストを削減する手法には、塗装工程を削減する方法や、塗料のロスを少なくする方法などが挙げられます。

塗装コストの削減のためには、耐久性に優れた重防食塗装系を用いることによって、塗替え頻度を減らし、ライフサイクルコストを削減するという考え方ができます。しかしながら、一回ごとの塗装コストのみを考えた場合には、一般塗装系と比較して重防食塗装系の方が高コストになります。塗膜の耐久性を維持したまま、塗装コストを下げるためには、工程を削減して施工費を下げることや、材料を効率的に使用して材料費を下げることが有効です。

1. 厚膜形塗料・中塗上塗兼用塗料による工程削減

塗装工程の削減を可能とする省工程形の塗料は、すでに開発・製品化されており、2005 年発行の「鋼道路橋塗装・防食便覧」にも新しい塗料として中塗上塗兼用塗料が紹介されています。中塗上塗兼用塗料とは中塗と上塗の機能を併せ持つ塗料であり、中塗と上塗の 2 工程を中塗上塗兼用塗料の 1 工程で仕上げることが可能です。また、塗替え時の下塗に用いられている変性エポキシ樹脂塗料は、通常は膜厚 60 μm の 2 回塗りですが、厚膜形変性エポキシ樹脂塗料下塗を用いることにより 120 μm を 1 回で塗装することが可能です。このような、厚膜形による塗装コスト低減は、さまざまなところで検討がなされており、土木研究所と塗料メーカー 5 社でなされた共同研究[1]では、以下のようなコスト低減効果が報告さ

表 1 厚膜形省工程塗料を用いたコスト低減効果[1]

	第1層目	第2層目	第3層目	第4層目	第5層目	第6層目	合計膜厚	工程数	コスト指数
C-4 仕様	無機ジンクリッチペイント（75 μm）	ミストコート	エポキシ樹脂塗料下塗（60 μm）	エポキシ樹脂塗料下塗（60 μm）	ふっ素樹脂塗料用中塗（30 μm）	ふっ素樹脂塗料上塗（25 μm）	250 μm	6 工程	100
工程短縮①	無機ジンクリッチペイント（75 μm）	ミストコート	エポキシ樹脂塗料下塗（120 μm）	ふっ素樹脂塗料用中塗（30 μm）	ふっ素樹脂塗料上塗（25 μm）		250 μm	5 工程	96
工程短縮②	無機ジンクリッチペイント（75 μm）	ミストコート	変性エポキシ樹脂塗料下塗（125 μm）	厚膜形ふっ素樹脂塗料（50 μm）			250 μm	4 工程	91

注：文献 1) より代表的なものを抜粋し、一部表現を変更

れています（**表1**）。また、これらの塗装仕様について、材料費と塗装費を分けたコスト指数を**図1**に示します。

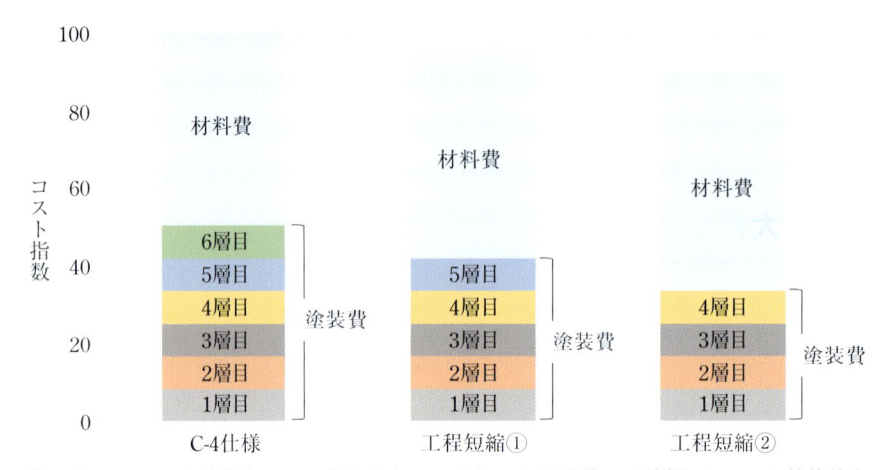

注：表1のコスト試算をグラフ化したものであり、上記試算には清掃・ケレンや補修塗り・駄目拾いなどは含まれない

図1　工程削減によるコスト低減効果（％）[1]

2．塗料ロスの削減（静電エアラップエアレス塗装システム[2]（Q4-05 参照））

　塗料の使用量を削減する塗装方法として静電エアラップエアレス塗装システムがあります。静電エアラップエアレス塗装システムは、塗料ミストをマイナスに帯電させ、被塗物をプラス側とし静電界を作ることによって両者に吸引力を与え、効率的に塗料を付着させる塗装方法です。また、導電性飛散防護メッシュシートを併用することにより、スプレーミストの作業現場外への飛散を防ぐことが出来ます。一般のエアレススプレーと比較して塗布量を少なくすることができ、塗料コストの低減が期待できます。

3．その他のコスト低減（改良防護シート[3]）

　送電鉄塔などのように対象物の形状が特異で施工期間の制約の大きく高所での作業を伴う現場においても養生シートの改良がなされています。従来は複雑な形状の鉄塔に合わせてシートの各箇所を紐を用いて手作業で結束していました。鉄塔塗装時に養生シートの縁を筒状にしてロープを通す構造とすることで、塗料の飛散原因となる間隙をなくし、地上での予備組立を利用して、危険な高所でのネット組立作業を簡素化し作業工程も短縮可能した養生ネットが実用化されています。

　［参考文献］

1）守屋進，浜村寿弘，後藤宏明，藤城正樹，内藤義巳，山本基弘，齊藤誠：鋼道路橋重防食塗装系の性能評価に関する研究，土木学会論文集 E, Vol.66, No.3, pp.221-230, 2010

2）加藤雅宏，伊藤秀嗣：橋梁塗装における高塗着スプレーシステムの適用，第18回技術発表大会，pp.21-27, 2015

3）社団法人日本鋼構造協会：JSSC テクニカルレポート No.80「鋼構造物塗装の環境負荷と現状と課題」，pp.76-77, 2008

Q3-01

Q 素地調整の良し悪しは塗膜の耐久性にどのくらい影響しますか？

A 素地調整の程度が悪いと塗膜の耐久性が低下することが知られています。特に、錆や塩分が残存している鋼材に塗装すると、塗膜の耐久性は大きく低下します。

1．素地調整の役割

　素地調整とは、塗料の付着性、及び防錆効果をよくするために、機械的または化学的に被塗装物体表面を処理し、塗装に適するような状態にすることです。素地調整の程度は、目視で評価することが一般的であり、除錆度（清浄度）と呼ばれる指標が使用されます。素地調整時に要求される除錆度は使用する工具・機器によって異なり（**Q3-02** 参照）、要求される除錆度を満足するときには「素地調整の程度が良い」ことになり、満足しないときには「素地調整の程度が悪い」ことになります。

　塗膜の耐久性には、塗膜自体の性能だけでなく、鋼素地との付着状態が大きく影響します。これは、塗膜の付着が不十分な箇所では、大気中の水分や酸素が塗膜を通過することにより、塗膜／鋼素地の界面で塗膜膨れや鋼の腐食反応が生じるためです [1]。このような状態となった箇所の塗膜は、当初期待した耐久性を示しません。参考として、塩水に浸漬した塗膜の膨れ発生機構のイメージを**図1**に示します。

　したがって、塗装対象物の表面が清浄であれば、塗装した塗膜の付着性は良好となり、所定の耐久性が期待できることになります。

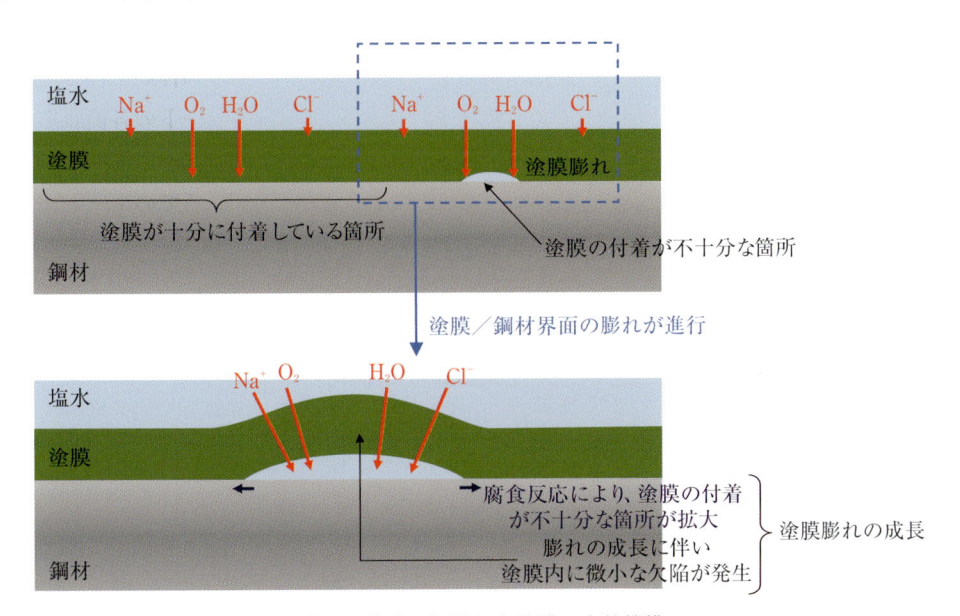

図1　塩水に浸漬した塗膜の変状機構

2．素地調整程度と塗膜の耐久性の関係

　鋼構造物塗装の素地調整において除去しなければならない主な付着物は、油分、塵埃、錆、塩分などです。残留する付着物や塗装する塗料の種類によって、塗膜に生じる変状の程度や耐久性の低下の程度は異なります。このため、素地調整の程度と塗膜の耐久性を定量的に示すことは困難とされています。ただし、素地調整の程度が悪いほど、塗膜の耐久性が低下する傾向にあることが知られています。

　新設塗装では、基本的にブラストを用いた素地調整であることや、製作工場内での作業であることなどから、素地調整の程度に大きなばらつきは生じません。その一方で、塗替え塗装では、対象とする構造物によって塗膜の劣化状態や錆の発生程度が大きく異なることや、構造物の設置状況によって素地調整方法が限定されることなどがあります。

　一般的に、錆が多く残存している箇所や、錆中に塩化ナトリウムなどの塩分が多く含まれる箇所では、**図2**に示すように、塗膜下での腐食が進行しやすく、塗膜の耐久性が大きく低下することが確認されています[2]。

　このため、塗替え時には構造物の状態や設置環境をよく把握し、既にかなり腐食した部材がある構造物や、腐食しやすい環境に晒されていると判断された構造物では、入念な素地調整を行なうことが必要です。

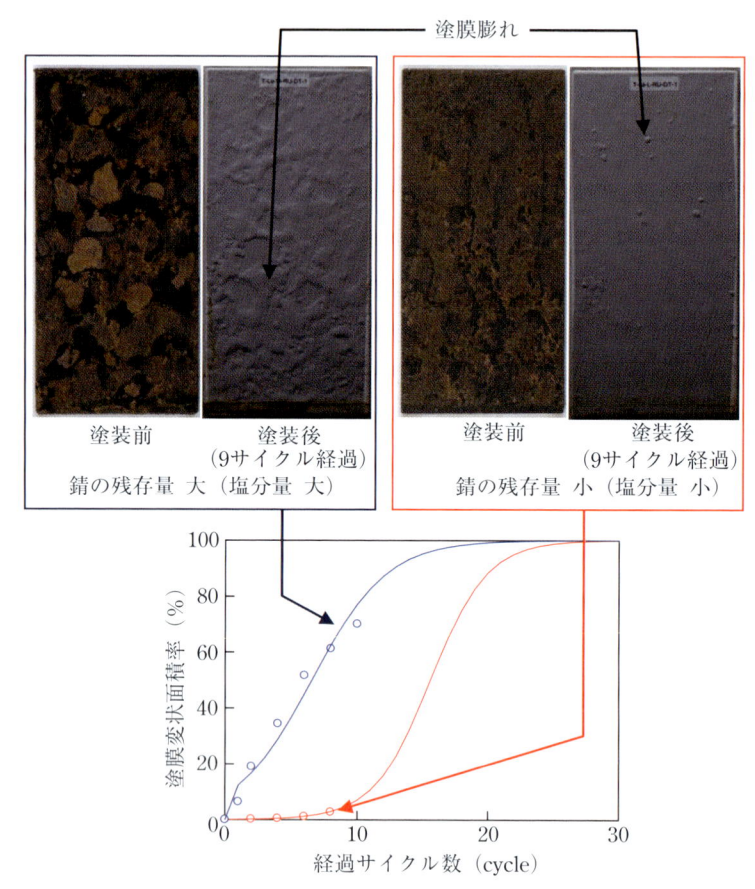

塗膜膨れ

塗装前　　塗装後（9サイクル経過）
錆の残存量　大（塩分量　大）

塗装前　　塗装後（9サイクル経過）
錆の残存量　小（塩分量　小）

図2　錆の残存程度が異なる塗装錆鋼板の塗膜膨れ面積率[2]

［参考文献］
1）浅利満頼，水流徹，春山志郎：塗装鋼板における塗膜下腐食と物質移動．防食技術．Vol.38, No.8, pp.429-436, 1989
2）坂本達朗，貝沼重信：塗装錆鋼板の塗膜変状機構に関する一考察．鉄構塗装技術討論会発表予稿集．Vol.37, pp.43-50, 2014

Q3-02

Q 素地調整の管理項目にはどのようなものがありますか？

A 素地調整時の主な管理項目は、除錆度、表面あらさ、湿度、付着塩分量などです。塗替え時に健全な旧塗膜を残す場合には、残す旧塗膜の範囲や表面状態なども管理項目に加わります。

　素地調整の具体的な内容として、被塗面（塗装対象の鋼材面）を清浄にすることや、適切なあらさを付与することなどが挙げられます。ここでは、一般に規定されることの多い管理項目である、除錆度、表面あらさ、湿度、付着塩分量、塗替え時の旧塗膜について説明します。

(1) 除錆度

　除錆度とは、鋼材表面の付着物や錆、ミルスケールなどを除去する際の程度です。一般にはISO 8501-1に記載される除錆度の分類がよく用いられます。ISO 8501-1に記載される除錆度の分類と、他の文献に記載される除錆率を**表1**に示します。新設塗装ではブラストによる素地調整が行なわれ、Sa 2 1/2程度の除錆度が要求されます。塗替え塗装では、動力工具を用いる際にはSt 3程度、ブラストを用いる際にはSa 2〜Sa 2 1/2程度の除錆度が要求されます。

表1　ISO 8501-1に記載される除錆度の分類と除錆率

ISO 8501-1に記載される除錆度の分類 [1]				除錆率 [2]
処理法	除錆度	処理法と処理程度	鋼材表面の状態	
ブラスト工法	Sa 1	軽いブラスト処理	拡大鏡なしで、表面には目に見える油、グリース、泥土、及び弱く付着したミルスケール、錆、塗膜、異物がないこと。	-
	Sa 2	十分なブラスト処理	拡大鏡なしで、表面には目に見える油、グリース、泥土、及び弱く付着したミルスケール、錆、塗膜、異物がないこと。残存した全ての汚れは固着したものであること。	67%
	Sa 2 1/2	さらに十分なブラスト処理	拡大鏡なしで、表面には目に見える油、グリース、泥土、及び弱く付着したミルスケール、錆、塗膜、異物がないこと。汚れの全ての痕跡は、斑点あるいは筋状のわずかな沁みとしてのみ認められること。	95%
	Sa 3	目視上洗浄な鋼板を得るためのブラスト処理	拡大鏡なしで、表面には目に見える油、グリース、泥土、及び弱く付着したミルスケール、錆、塗膜、異物がないこと。表面は、均一な金属色をしていること。	99%
手工具・動力工具	St 2	十分な手工具及び動力工具仕上げ	拡大鏡なしで、表面には目に見える油、グリース、泥土、及び弱く付着したミルスケール、錆、塗膜、異物がないこと。	-
	St 3	さらに十分な手工具及び動力工具仕上げ	St 2と同様であるが、素地の金属光沢を呈するまで、より十分な処理を行うこと。	-

注：ISO 8501-1に除錆率は記載されていません。

(2) 表面あらさ

　表面あらさを付与すると、被塗面の表面積の増大と投錨（アンカー）効果などによって塗膜の付着性が

向上します。新設塗装では管理項目として規定されていますが、塗替え塗装では素地調整方法が多岐にわたることなどから、一般に管理項目には含まれません。管理値には JIS B 0601 に規定される 10 点平均あらさ（Rz_{JIS} とも呼ばれます）が主に用いられます。

(3) 湿度

湿度が高い場合には鋼材が早期に腐食する場合があるため、素地調整の湿度の上限が管理値として規定されています。例えば「鋼構造物塗装設計施工指針」では、ブラストを用いて素地調整する場合、相対湿度が 80% を超えると鋼表面に 1 μm 以下の非常に薄い水膜が形成されて腐食反応が進行しやすくなると記載されています。

(4) 付着塩分量

国内では海水飛沫や凍結防止剤に由来する塩分が鋼の腐食を促進するため、素地調整後の付着塩分量が管理項目として規定される場合があります。例えば「鋼道路橋防食便覧」では、早期に劣化した耐候性鋼材の補修塗装の際にブラストを用いる場合、付着塩分量を 50 mg/m² 以下とすることと記載しています。ただし、錆中の塩分量によっては規定の除錆度を満足しても付着塩分量の規定値を上回ることがあります。この場合には高圧水洗などを併用する必要があり、既存の塗膜表面に付着する塩分の除去方法と比較して廃水の回収や廃棄物の処理方法などの面から煩雑な作業となります。このため、付着塩分量を低減する場合には、その実施方法について十分な検討を行なう必要があります。

(5) 塗替え時の旧塗膜

健全な旧塗膜（活膜と呼ばれます）は防食に寄与しているため、旧塗膜に含まれる有害物質の除去などのため旧塗膜を全て除去する以外では、劣化した塗膜のみを除去します。このときの管理項目として、劣化した塗膜や錆をどの程度除去するかといった分類があります（**表2**）。腐食した箇所については除錆度の分類に従って素地調整を行い、塗膜部分については付着力の弱い塗膜を除去し、残った塗膜に対して塗膜表面の清掃及び面あらしを行います。旧塗膜が残存した素地調整面を**写真1**に示します。

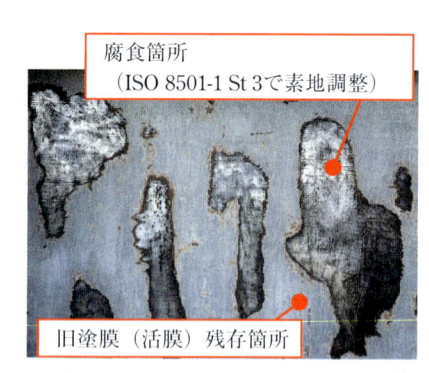

写真1 旧塗膜が残存した素地調整面 [3]

表2 道路橋の塗替え塗装における素地調整程度と作業内容 [1]

素地調整程度	錆面積	塗膜異常面積	作業内容	作業方法
1種	-	-	錆、旧塗膜を完全に除去し鋼材面を露出させる。	ブラスト工法
2種	30%以上	-	旧塗膜、錆を除去し鋼材面を露出させる。ただし、錆面積 30% 以下では旧塗膜が B, b 塗装系の場合はジンクプライマーやジンクリッチペイントを残し、他の旧塗膜を全面除去する。	ディスクサンダ、カップワイヤなどの電動工具と手工具との併用、ブラスト工法
3種 A	15 ～ 30%	30%以上	活膜は残すが、それ以外の不良品（錆、割れ、膨れ）は除去する。	ディスクサンダ、カップワイヤなどの電動工具と手工具との併用、
3種 B	5 ～ 15%	15 ～ 30%		
3種 C	5%以下	5 ～ 15%		
4種	-	5%以下	粉化物、汚れなどを除去する。	手工具（ナイロンたわしなど）

［参考文献］

1) 社団法人日本鋼構造協会：重防食塗装，p.118, 2012

2) The Society of Naval Architects and Marine Engineers：Abrasive Blasting Guide for Aged or Coated Steel Surfaces, 1969

3) 公益財団法人鉄道総合技術研究所：鋼構造物塗装設計施工指針，p.III-54, 2013

Q3-03

Q 塗替え時に旧塗膜を剥がす必要はありますか？

A 健全な旧塗膜は防食に寄与しているため、全ての塗膜を無理に剥がす必要はありません。ただし、劣化した塗膜は必ず剥がさなければなりません。また、一般塗装系から重防食塗装系に変更する場合には、旧塗膜を全て剥がす必要があります。

1．旧塗膜除去の必要性

　直射日光は構造物全体に均等に当たらないなど、構造物を取り巻く環境条件は部位・部材によって異なります。このため、塗膜の劣化は構造物全体で均等に進行することはなく、塗替え対象となった構造物においても十分な付着力を有する健全な旧塗膜が部分的に存在することがあります。このような塗膜は活膜と呼ばれ、防食に寄与していることから、塗替え時には活膜を残して劣化した旧塗膜のみを除去することが一般的です（一般塗装系から重防食塗装系への変更にあたり旧塗膜を全て除去する場合や、旧塗膜にPCB（Poly Chlorinated Biphenyl：ポリ塩化ビフェニル）などの有害な物質が含まれている場合を除きます）。

　劣化した旧塗膜の上に塗装すると、塗料が硬化するときに生じる収縮力の作用などによって旧塗膜に割れなどの塗膜変状が発生し、その結果として塗替えた塗膜が早期に割れや剥がれを生じることがあります（**写真 1**）。このため、旧塗膜が健全であるか否かを判断することは非常に重要です。

　また、塗膜の耐久性を向上させて塗装のライフサイクルコストを低減するとともに、塗膜の長寿命化を図ることが鋼構造物の長寿命化に寄与することから、一般塗装系塗膜を重防食塗装系に変更する場合においては、第1層目に防食下地を適用するため、防食下地と鋼材との付着性が非常に重要となります。このため、ブラストなどにより、旧塗膜を全て除去する必要があります。

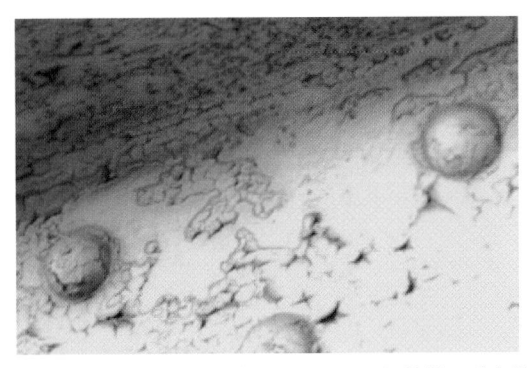

写真 1　塗り重ねた塗料の収縮力などによって旧塗膜の残存箇所から
早期に塗膜割れや剥がれを生じた例

２．旧塗膜の健全性の評価方法

　塗膜の健全性を評価する一般的な手法は、目視による調査です。ただし、塗膜の劣化状態には割れや剥がれなどの外観変状だけでなく、塗膜の付着力低下などの目視で判定することが困難な状態もあります。このため、塗膜に接近して塗膜の状態を詳細に評価する必要があります。

　塗膜の詳細な計器測定には、碁盤目試験やプルオフ試験などの塗膜付着性評価試験や、インピーダンス試験やカレントインタラプタ法などの電気化学的評価試験などが挙げられます[1]。しかしながら、屋外の環境条件によって試験結果にばらつきを生じることが多いことから、現場で実施可能な試験は限られます。一例として、塗膜の付着性評価試験は、旧塗膜の除去面積を決定するための試験方法として検討された事例があります[2,3]。

３．劣化した塗膜の除去程度について

　劣化した塗膜を残して塗装すると早期の塗膜変状が発生する危険性があるため、劣化した塗膜は全て除去する必要があります。ただし、微細な割れや剥がれを生じた塗膜では、劣化した塗膜とともに活膜が部分的に存在することがあります。この場合、塗膜の除去時に鋼材表面へ強く付着する塗膜がわずかに残存します。ただし、経験的には、多少の旧塗膜が残存しても塗り重ねた塗膜に大きな支障を生じず、必ずしも全ての塗膜を除去して鋼面を露出させる必要はないと鉄道橋では考えられています。旧塗膜の素地調整の程度を示す参考写真として、「鋼構造物塗装設計施工指針」に記載されているものを**写真２**に示します。

橙色が残存する塗膜であり、それ以外は鋼露出面またはミルスケールである
写真２　素地調整後に付着力の強い塗膜が残存する状態[4]

[参考文献]
1）社団法人日本鋼構造協会：重防食塗装，p.222, 2012
2）丹羽雄一郎，木村元哉，中山太士：鉄桁塗装の旧塗膜の健全性評価について，土木学会年次学術講演会講演概要集，Vol.60, I-032, 2005
3）三條剛嗣，伊藤裕一，根岸裕，坂本達朗：既設鋼橋における塗膜付着力に関する検討，土木学会年次学術講演会講演概要集，Vol.71, V-403, 2016
4）公益財団法人鉄道総合技術研究所：鋼構造物塗装設計施工指針，p. 参考 -80, 2013

Q3-04

Q 旧塗膜を剝がす方法にはどのようなものがありますか？

A 手工具や動力工具を用いた方法や、ブラストを用いた方法があります。他には、塗膜剝離剤を用いた湿式工法や、電磁誘導加熱を用いた方法などがあります。

　現在、旧塗膜を剝がす方法として様々な方法が提案されています。代表的な塗膜の除去方法としては、手・動力工具処理、ブラスト処理などの機械的処理や、塗膜剝離剤を用いた塗膜除去方法のほか、電磁誘導加熱による塗膜除去方法などが挙げられます。これらの方法にはそれぞれ長所・短所が存在し、対象となる構造物の設置環境や、旧塗膜の種類、作業性などを考慮して、適切な除去方法を選択する必要があります。特に、近年では PCB（Poly Chlorinated Biphenyl：ポリ塩化ビフェニル）や鉛などの有害物質を含む旧塗膜を除去する際には、粉塵の発生を防ぐための方法（湿式工法）を用いるように厚生労働省から指導されています。

　なお、一般塗装系から重防食塗装系への変更などで旧塗膜を全て除去する際には、鋼材との付着力の強い旧塗膜も除去する必要があります。塗膜の種類、膜厚などによっては多大な労力を要する可能性があることに注意して、塗膜の除去方法を選択しなければなりません。

(1) 機械的処理

　最も一般的な塗膜の除去方法であり、手工具や動力工具、ブラスト機器などを用いて、物理力で旧塗膜を除去する方法です。かつては手工具のみが用いられていましたが、作業効率や仕上がり精度の向上を目的とした動力工具やブラスト機器の開発が進み、現在では主にディスクサンダやカップワイヤなどの動力工具を主体とした作業が行なわれています（**写真 1**）。ブラストについても種々の工法が提案・実用化されています（**写真 2**）（Q3-05 参照）が、大面積の塗膜を除去するには不向きとされています。また、構造物の構造によっては単一の工具で完全に塗膜を除去することが困難な場合があるため、手工具や他の塗膜除去方法を併用して、部材の形状に適した機器・工具を用いて塗膜の除去作業を行なうことがあります。

写真 1　動力工具を用いた旧塗膜除去作業

写真 2　ブラストによる旧塗膜除去作業[1]

(2) 塗膜剥離剤を用いた塗膜除去方法

　近年では、塗膜剥離剤を用いた塗膜の除去方法が多くの実績を有しています。これは、初めに塗膜剥離剤を塗膜に浸透させ、膨潤・軟化した塗膜をスクレーパなどで除去する方法です（**写真3**）。しかしながら、鋼材のブラスト面の凹凸部に入り込んでいるエッチングプライマなどの塗膜を完全に除去するのは難しく、動力工具やブラスト機器など併用することになります。ただし、これらの工具類を用いる頻度は少なくなるため、騒音対策の一環として活用されることがあります。また、塗膜剥離剤を用いた塗膜除去工法は湿式工法と呼ばれ、塗膜を除去する際に粉じんがほとんど発生しないため、旧塗膜に有害な物質が含まれる場合に有効な手法といえます。

(3) その他

　上記以外の塗膜除去方法としては、電磁誘導加熱などにより鋼材及び塗膜を加熱して塗膜の付着性を低下させ、物理力で塗膜を除去する方法などが挙げられます（**写真4**）。これらの方法では全ての塗膜を除去することは難しいために機械工具類との併用になることや、施工実績が多くないことなどが挙げられますが、塗膜剥離剤を用いる場合と同様、騒音対策となりうることや、粉じんの発生量を低減できることなどが長所として挙げられます。なお、電磁誘導加熱を用いた塗膜除去では防錆顔料を多く含む塗料を除去することは難しく、湿式工法とは呼びません。

写真3　塗膜剥離剤を用いた旧塗膜除去作業[2]　　　写真4　電磁誘導加熱による旧塗膜除去作業[3]

［参考文献］
1）株式会社渡辺塗装工業 HP より
2）臼井明，宮崎豪：インバイロワンで剥離除去した PCB、鉛などの有害物質含有塗膜処理の動向，一般社団法人日本橋梁・鋼構造物塗装技術協会 第 17 回技術発表大会予稿集，2014
3）岡部次美，吉川博，小野秀一，中村順一：IH（電磁誘導加熱）による鋼橋の塗膜除去工法，Structure Painting, Vol.42, pp.2-10, 2014

Q3-05

Q 鋼構造物の素地調整に使用されるブラストにはどのような種類がありますか？

A ブラストには乾式と湿式があり、鋼構造物の素地調整には一般に乾式ブラストが用いられます。使用する研削材には様々な材質のものがあり、新設時や塗替え時など状況に応じて使い分けられています。

ブラストとは、圧縮空気や遠心力を利用して研削材を被塗面に高速で打ち付け、その衝撃力によって被塗面を清浄にするとともに適度な粗さを付ける方法です。水の使用の有無により、乾式と湿式の2種類に分類されます。鋼構造物においては一般的に乾式のブラスト処理工法が使用されますが、粉塵の発生や飛散を考慮して、湿式の適用についての検討も進められています。ここでは、乾式ブラスト処理工法の概要を説明します。

(1) 乾式ブラスト処理工法

鋼構造物に用いられる一般的な乾式ブラスト処理工法は、オープンブラスト工法とバキュームブラスト工法です。オープンブラスト工法とは、研削材をそのまま被塗面に打ち付ける工法であり、バキュームブラスト工法とはブラスト装置と吸引装置を組み合わせた工法です。

新設時の素地調整は、製鋼工場や製作工場など設備の整った場所で行われます。そのため、粉塵の飛散や騒音などの問題が起こりにくく、オープンブラスト工法が採用されています。一方で、塗替え時の素地調整では粉塵の飛散や漏えいを防止する必要があるため、鋼構造物を密閉した状態でオープンブラスト工法を用いるか、もしくはバキュームブラスト工法が用いられます。ただし、バキュームブラスト工法はオープンブラスト工法と比較して作業効率が大幅に低下する点に注意が必要です。また、バキュームブラスト工法を用いても、部材の形状によっては粉塵の飛散を完全に抑制できないため、適切な防護措置が必要になります。実際に既設の鋼構造物にブラストを用いる場合の養生例を**写真1**に示します。

写真1　既設の鋼構造物にブラストを用いる場合の養生例

(2) 乾式ブラスト工法に用いられる研削材

　乾式ブラスト工法には、様々な研削材を使用することができます。基本的には、硬くて再利用しやすい材料が経済的に有利となります。新設時では、上で述べたように設備が整った状態でブラストできることから、鋳鉄グリットなどの金属系の研削材が使用されます。一方で塗替え時には作業環境が様々であり、研削材の腐食に注意する必要があることや、研削材を回収して再利用しにくいことなどから、安価な非金属系の研削材が使用されます。最近では、フェロニッケルスラグや、銅スラグ、溶融アルミナなどの研削材が塗替え時のブラスト作業に用いられています。これらの研削材は、JIS Z 0311 及び JIS Z 0312 で規定されています。主な研削材の種類と特徴を表1に示します。

表1　主な研削材の種類と特徴[1]

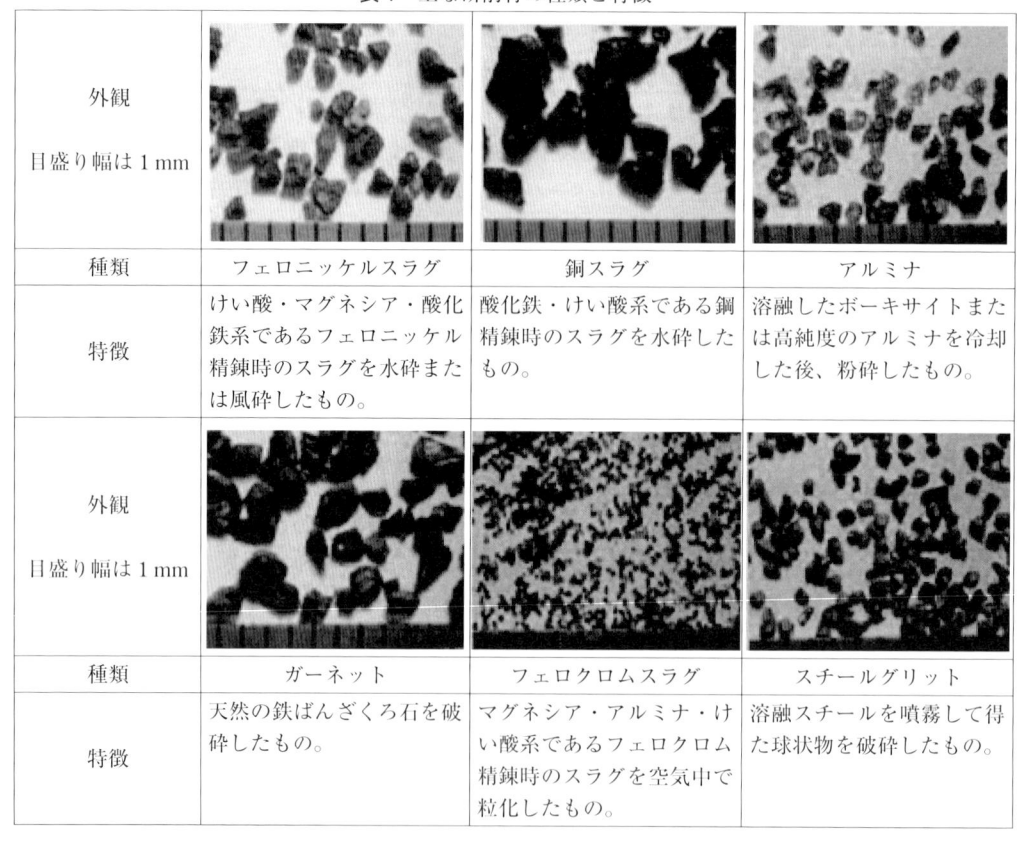

外観 目盛り幅は 1 mm			
種類	フェロニッケルスラグ	銅スラグ	アルミナ
特徴	けい酸・マグネシア・酸化鉄系であるフェロニッケル精錬時のスラグを水砕または風砕したもの。	酸化鉄・けい酸系である銅精錬時のスラグを水砕したもの。	溶融したボーキサイトまたは高純度のアルミナを冷却した後、粉砕したもの。
外観 目盛り幅は 1 mm			
種類	ガーネット	フェロクロムスラグ	スチールグリット
特徴	天然の鉄ばんざくろ石を破砕したもの。	マグネシア・アルミナ・けい酸系であるフェロクロム精錬時のスラグを空気中で粒化したもの。	溶融スチールを噴霧して得た球状物を破砕したもの。

[参考文献]

1) 一般社団法人日本鋼構造協会：一般塗装系塗膜の重防食塗装系への塗替え塗装マニュアル，p.23, 2014

Q3-06

Q ターニングした場合にはどのように対応すればよいですか？

A ターニングを放置した場合、錆の上に塗装することになり塗膜の耐久性が低下する可能性があります。このため、ターニングが生じた箇所に対して再度の素地調整作業が必要になります。

　ターニングとは、**写真1**に示すように、ブラスト処理した鋼材を放置した場合に表面が腐食する現象を指し、戻り錆とも呼ばれます。

　腐食した鋼材に塗装すると、塗料と鋼材との間に錆が存在することになり鋼材に対する塗膜の付着力が低下します。また、塗料が錆中に含浸しないと空隙が発生し、新たな腐食の要因となる可能性があります。したがって、ターニングが発生した場合には再度の素地調整作業を行い、鋼表面の錆を完全に除去する必要があります。

写真1　ターニングを生じたブラスト処理鋼材

　ターニングは、鋼材の表面に水膜が形成される条件で発生します。つまり、素地調整後に高湿度状態で長時間経過した場合や、潮解性を有する塩類が鋼材の表面またはその近傍に残留する場合にターニングが発生しやすくなると言えます。

　したがって、ターニングを起こさないようにするには、素地調整後に直ちに塗装することや、除錆度の管理を徹底すること、ブラスト時の湿度管理を入念に行うことなどが挙げられます。例えば「鋼構造物塗装設計施工指針」では、ターニングを生じないようにするため、ブラスト時の湿度を80%以下となるように規定されています。また、「鋼道路橋塗装・防食便覧資料集」では、ブラスト後4時間以内に第1層目を塗装することが規定されています。

コーヒーブレイク②　「めっき、溶射及び耐候性鋼材による防食」

　溶融亜鉛めっきは、鋼材表面に形成した亜鉛皮膜が腐食の原因となる酸素と水や塩化物等の腐食を促進する物質を遮断（環境遮断）して鋼材を保護する防食法として用いられています。溶融亜鉛めっきの付着量は、板厚や材料の大きさにより異なります。鋼道路橋では長期耐久性が要求されるため、少なくとも主要な部材では、付着量 $600\ \mathrm{mg/m^2}$ 以上を確保して用いられています。

　金属溶射は、鋼材表面に形成した溶射皮膜が腐食の原因となる酸素と水や塩化物等の腐食を促進する物質を遮断（環境遮断）して鋼材を保護する防食法として用いられています。溶射皮膜には、亜鉛溶射皮膜，アルミニウム溶射皮膜、亜鉛・アルミニウム合金皮膜及び擬合金溶射皮膜等があります。金属溶射皮膜は多孔質であるため、溶射皮膜に封孔処理を施す必要のあるものが多く用いられています。

　耐候性鋼材は、腐食速度を低下できる合金元素を添加した低合金鋼であり、鋼材表面に生成される緻密な錆層（保護性錆）によって腐食の原因となる酸素や水から鋼材を保護し、錆の進展を抑制する防食法として用いられています。耐候性鋼材では、その表面に緻密な錆層が形成されるまでの期間は普通鋼材と同様に錆汁が生じるため、初期錆の抑制や、緻密な錆層の生成促進を目的とした表面処理剤が併用されています。塩分が多い環境にさらされると緻密な錆層が生成せず層状剥離錆が生成することから、飛来塩分量が適用範囲（0.05 mdd）を超えない環境下で使用することが必要となります。

Q3-07

Q 手工具、動力工具処理にはどのような種類がありますか？

A 旧塗膜や厚い錆を落とすための工具や、軽度の錆落としや面あらし等の処理を行なう工具など、用途に応じて様々な手工具、動力工具があります。

　旧塗膜や厚い錆を落とすための工具として、手工具ではケレンハンマ、ケレン棒、スクレーパ、動力工具ではジェットタガネ、ディスクグラインダなどがあります。また、軽度の錆落としや面あらし等の処理を行なう工具として、手工具ではワイヤーブラシや網状研磨具、動力工具ではワイヤーカップなどがあります。また、特定の形状に対して有効な動力工具として、リベットやボルトを素地調整できる電動工具が開発・運用されています。主に使用される動力工具及び手工具の例を**写真1**及び**写真2**に示します。

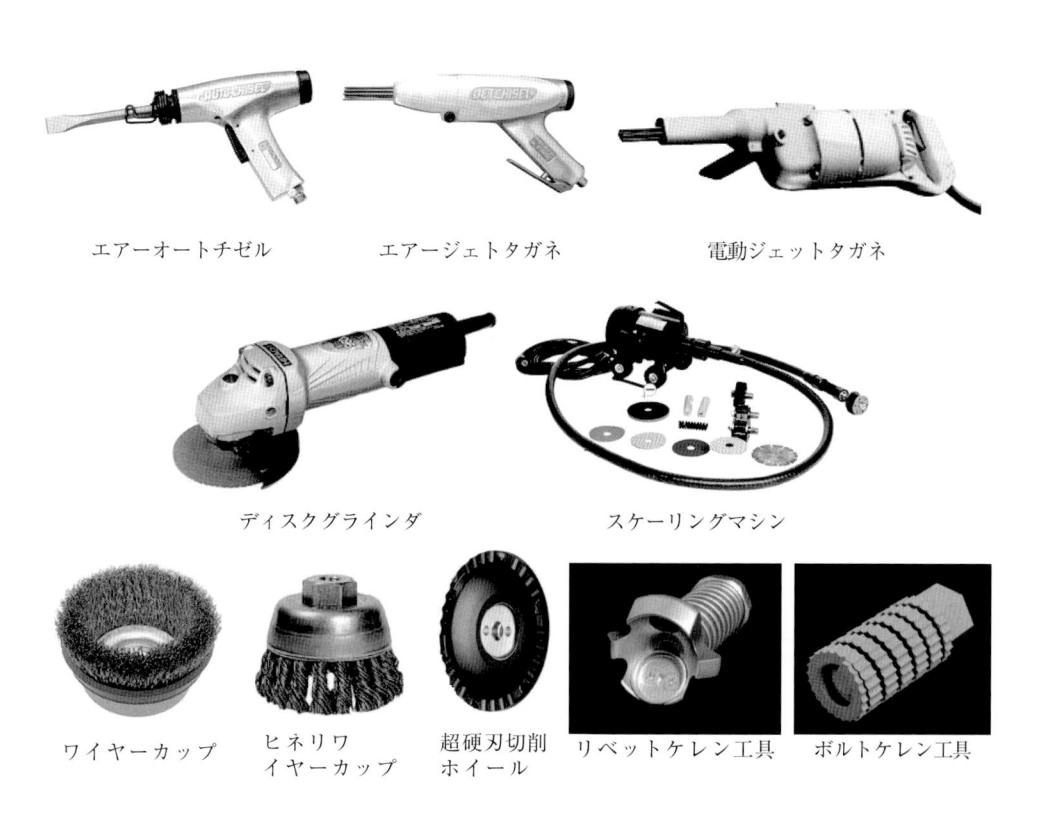

エアーオートチゼル　　　　エアージェトタガネ　　　　電動ジェットタガネ

ディスクグラインダ　　　　スケーリングマシン

ワイヤーカップ　　ヒネリワ　　超硬刃切削　　リベットケレン工具　　ボルトケレン工具
　　　　　　　イヤーカップ　　ホイール

ディスクグラインダに取り付ける研磨ディスク以外の研磨・研削工具

写真1　主に使用される動力工具の例 [1]

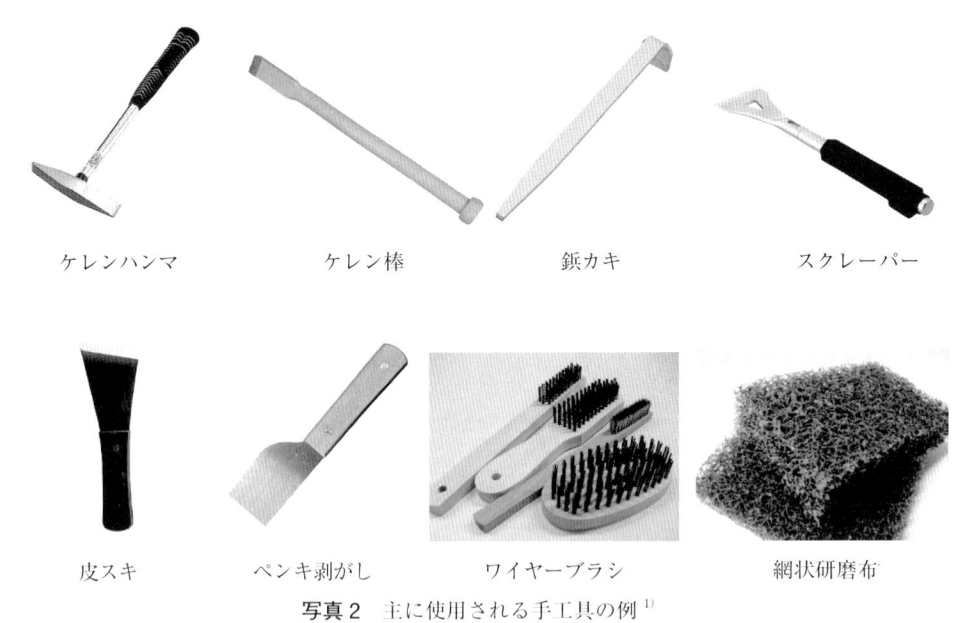

| ケレンハンマ | ケレン棒 | 鋲カキ | スクレーパー |
| 皮スキ | ペンキ剥がし | ワイヤーブラシ | 網状研磨布 |

写真 2　主に使用される手工具の例 [1]

　基本的に、動力工具や手工具はブラスト工法と比較して作業者の技能に依るところがあり、錆や塗膜の残存など、品質のばらつきを生じることがあります。このため、品質保持の観点から、仕上がり状態に関する的確な点検と、手直しのための費用や時間を要することに注意する必要があります。

　近年では、ブラスト処理に近い除錆程度と粗面形成を得ることができるブラスト面形成動力工具（縦回転式動力工具とも呼びます）が適用され始めています [2]。これは、アクセルバーで加速された縦回転するブラシ先端の衝撃力で塗膜及び錆を除去する工具です（**写真 3**）。作業には比較的長時間を要するものの、従来の動力工具では十分な錆落しができなかった孔食部や溶接部等の凹凸部分において効果を発揮するとされています。ただし、作業効率の観点から、部材接合部などの極小面積に適用する工具であることに注意する必要があります。

写真 3　ブラスト面形成動力工具（縦回転式動力工具）の外観 [2]

［参考文献］
1）公益財団法人鉄道総合技術研究所：鋼構造物塗装設計施工指針．pp. 参考 -111-112, 2013
2）中野正，後藤ひと美：ブラスト面を形成できるハンディ動力工具．塗料と塗装．No.753, pp.19-26, 2011

Q3-08

Q 塗膜剥離剤を適用する場合にはどのような点に注意すればよいですか？

A 保護具の着用が求められるほか、塗膜の種類によって剥離性能が異なること、塗膜剥離剤の成分の残留にともなう塗替え塗膜への影響について考慮する注意する必要があることなどです。

1．塗膜剥離剤の概要

　塗膜剥離剤には、塩素系有機溶剤を主成分とするもの（塩素系塗膜剥離剤）と高級アルコール系有機溶剤を主成分とするもの（アルコール系塗膜剥離剤）がありますが、近年では新しく開発されたアルコール系塗膜剥離剤を用いるのが一般的です。アルコール系塗膜剥離剤では、環境対策の必要性が低いほか、塩化ゴム系や油性系の塗膜の剥離性能に優れており、鉛やクロム化合物を多く含んだ塗膜の除去に有効とされています。ただし、錆を除去することはできません。このため、腐食した部材の存在する鋼構造物に対して塗膜剥離剤を適用する場合、塗膜除去後に他の処理方法を用いて錆を除去する必要があります。また、塗膜剥離剤の成分が残留することによる、塗替えた塗膜と鋼材面との付着性などへの影響についても注意する必要があります。アルコール系塗膜剥離剤の特徴を**表1**に示します。

表1　アルコール系塗膜剥離剤の特徴

主成分		高級アルコール系有機溶剤
塗膜への効果		浸透・軟化膨潤型
皮膚刺激性		ほとんどない
消防法		第4類第3石油類
労働安全衛生法		非該当
PRTR法		非該当
環境への影響	毒性	微量
	生分解性	約30日で水と炭酸ガスに分解
特徴		・放置時間…24〜48時間 ・多層塗膜を一度に剥離可能 ・剥離した塗膜の回収が比較的容易

2．塗膜剥離剤を使用する際の注意事項

　アルコール系塗膜剥離剤には第4類第3石油類の有機溶剤が使用されています。このため、塗膜剥離剤を使用する際には保護具を着用するほか、火気を使用してはいけません。特に、ブラスト作業と併用する場合には完全養生された密閉空間での作業となることを意識して、塗膜剥離剤使用時には換気を行うなどの措置を講じる必要があります。

　アルコール系塗膜剥離剤を用いると、塗膜剥離剤は塗膜内へ浸透し、塗膜を膨潤させることで塗膜が層

状に剥離します（**写真 1**）。このとき、場合によっては塗膜へ十分浸透する前に塗膜が膨潤し、下層の塗膜へ塗膜剥離剤が作用しにくくなることがあります。このため、アルコール系塗膜剥離剤を適切に使用するためには、剥離する塗膜の特徴を事前に把握する必要があります。

写真 1　アルコール系塗膜剥離剤による塗膜の剥離状況 [1]

［参考文献］
1）社団法人日本鋼構造協会：JSSC テクニカルレポート No.80「鋼構造物塗装の環境負荷の現状と課題」，pp.55-68, 2008

コーヒーブレイク③　「塩素系塗膜剥離剤と水性の塗膜剥離剤」

　塩素系塗膜剥離剤は、塗膜の除去に以前よく用いられていました。しかしながら、労働安全衛生法などに抵触する有害な物質（ジクロロエタンなど）を主成分とすることや、多層の塗膜に対する剥離性能が低いことなどから、現在では使用されていません。

　水性の塗膜剥離剤とは、溶剤の一部に水を用いた塗膜剥離剤を指します。アルコール系塗膜剥離剤は有機溶剤を主成分とするため、通常の溶剤形塗料と同様に、環境に配慮した剥離剤として、水性の塗膜剥離剤の開発・検討が近年行われています。

Q3-09

Q 素地調整しにくい箇所はどのように対応すればよいですか？

A ブラストと手・動力工具を併用するのが一般的です。ブラストが適用できない場合には、部材取り換えを行なうなどの検討が必要となります。

　一般に素地調整しにくい箇所として、添接部などのリベット・ボルト部や、複数の部材が組み合わさった隅部、溶接部などの凹凸部などが挙げられます。また、著しく腐食して厚い層状の錆が生じた箇所においても、規定の除錆度で素地調整するのは非常に困難な作業となります。このような素地調整しにくい箇所及び状況の一例を**写真1**に示します。

添接部

部材の隅部

著しく腐食が進行した箇所[1]

写真1　素地調整しにくい箇所

　新設時の素地調整では、塗膜や厚い錆が存在しないことや、構造上素地調整しにくい箇所が少ないことから、基本的にはブラストのみを適用することにより、添接部や隅部、溶接部などを素地調整することが可能です。

　その一方で、塗替え時に多層の塗膜や厚い錆が生じた部材を素地調整する場合には、ブラストのみでは作業効率が低下することがあります。そのため、動力工具と手工具を併用してブラストを適用することが

望ましいと言えます。なお、ブラストを適用した場合においても、狭隘な空間などで直接目視できない場合においては錆や塗膜が残存する割合が大きくなります。このため、ミラーを用いて素地調整の程度を確認するなどの工夫を行うことが必要です（**写真2**）。また、近年では狭隘な箇所に対応できる形状のノズルが開発されているので、そのような器具を積極的に使用することにより、素地調整の品質を向上させることが期待できます。

写真2 ミラーを用いた確認の例[2]

多くの鉄道橋のように、養生によって密閉された作業空間を設けにくい鋼構造物では、ブラストの使用が困難です。このような場合には、動力工具や手工具のみで素地調整することになるので、素地調整後に入念な点検を行い、規定の素地調整が行われているかを確認しなければなりません。

なお、著しい腐食の進行によって厚い錆が広範囲に分布するような部材では、十分な素地調整を実施できず、塗替えた塗膜の下で腐食が再度進行して早期に塗膜の劣化に至る恐れがあります。このような場合には塗替えによる費用対効果が小さくなるので、構造上重要な腐食した部材を取り換えることも検討することが望ましい場合もあります。

また、素地調整の困難な箇所は、そもそも塗装により防食することが難しい箇所とも言えます。このため、塗装以外の材料を用いて防食する方法についても検討するのが良い場合があります。一例として、添接部のボルトに対して防錆キャップと呼ばれる材料を被覆することにより、ボルトを防食する方法があります。

［参考文献］
1) 公益財団法人鉄道総合技術研究所：鋼構造物塗装設計施工指針，p.III-42, 2013
2) 社団法人日本鋼構造協会：重防食塗装，p.256, 2012

Q3-10

Q 素地調整時の廃棄物について、どのような点に留意すればよいですか？

A 廃棄物はいずれも産業廃棄物として処理しますが、廃棄する物質の種類や状態によって産業廃棄物の分類が異なります。処理方法もその分類によって異なるため、産業廃棄物の処理方法が規定されている関係法令をよく把握することが必要です。

　塗装工事で発生する廃棄物は、廃棄物の種類によって処理法が異なります。このため、「廃棄物の処理及び清掃に関する法律（廃棄物処理法）」、同施工令、同施工規則を遵守して処理する必要があります。

　廃棄物の分類を**図1**に示します。産業廃棄物は20種類に分類されており、爆発性や毒性、感染性のある廃棄物については、特別管理産業廃棄物に分類されます。

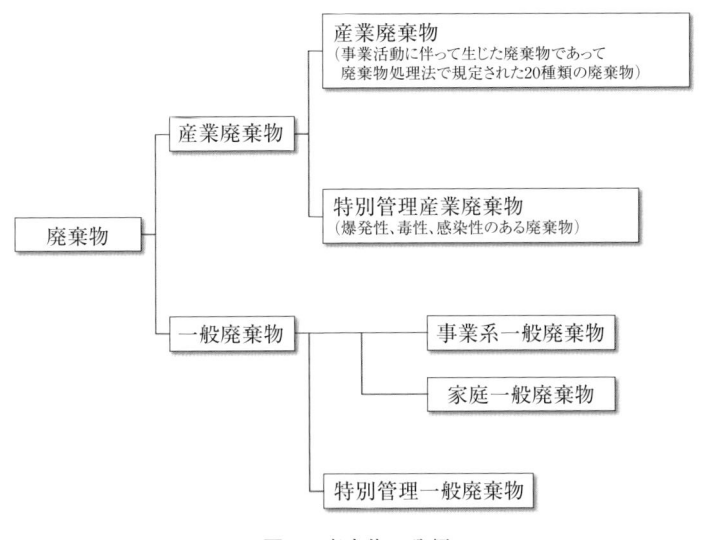

図1　廃棄物の分類

　素地調整時の主な廃棄物には、剥離した塗膜（塗膜くず）や、塗膜くずを含む研削材、素地調整前の洗浄に用いた水などがあります。

(1) 塗膜くず及び塗膜くずを含む研削材

　塗膜くずは廃プラスチックとして、塗膜くずを含む研削材は汚泥として処理します。ただし、塗膜くずがPCB（Poly Chlorinated Biphenyl：ポリ塩化ビフェニル）等の有害物質を含んでいる場合には、特別管理産業廃棄物のうち、特定有害産業廃棄物に該当します（**表1**）。この場合は、自治体の指示に従い、適切な処理を行なう必要があります。特に、PCBを含む塗膜についてはポリ塩化ビフェニル廃棄物の適

正な処理の推進に関する特別措置法に基づいて廃棄しなければなりません。

　なお、鉛やクロムを含有する塗膜くずが法的に特定有害廃棄物に該当するか否かについては、各自治体によって判断基準が異なります。このため、処理方法については各自治体の指示に従う必要があります。

表 1　特別管理廃棄物の一覧 [1)]

特別管理一般廃棄物	ＰＣＢ使用部品		廃エアコン・廃テレビ・廃電子レンジに含まれるＰＣＢを使用する部品
	ばいじん		ごみ処理施設の集じん施設で生じたばいじん
	ダイオキシン類含有物		ダイオキシン特措法の廃棄物焼却炉から生じたもので、ダイオキシン類を3ng/g以上含有するばいじん、燃え殻、汚泥
	感染性一般廃棄物		医療機関等から排出される一般廃棄物であって、感染性病原体が含まれ若しくは付着しているおそれのあるもの
特別管理産業廃棄物	廃油		揮発油類、灯油類、軽油類(難燃性のタールピッチ類を除く)
	廃酸		pH2.0以下の廃酸
	廃アルカリ		pH12.5以上の廃アルカリ
	感染性産業廃棄物		医療機関等から排出される産業廃棄物であって、感染性病原体が含まれ若しくは付着しているおそれのあるもの
	特定有害産業廃棄物	廃ＰＣＢ等	廃ＰＣＢ及びＰＣＢを含む廃油
		ＰＣＢ汚染物	ＰＣＢが付着した汚泥、紙くず、木くず、繊維くず、プラスチック類、金属くず、陶磁器くず、がれき類、塗膜くず
		ＰＣＢ処理物	廃ＰＣＢ等又はＰＣＢ汚染物の処理物で一定濃度以上ＰＣＢを含むもの
		指定下水汚泥	下水道法施行令第13条の4の規定により指定された汚泥
		鉱さい	重金属等を一定濃度を超えて含むもの
		廃石綿等	石綿建材除去事業に係わるもの又は大気汚染防止法の特定粉じん発生施設から生じたもので飛散する恐れのあるもの
		ばいじん又は燃え殻	重金属等及びダイオキシン類を一定濃度を超えて含むもの
		廃油	有機塩素化合物等を含むもの
		汚泥, 廃酸又は廃アルカリ	重金属、有機塩素化合物、ＰＣＢ、農薬、セレン、ダイオキシン類等を一定濃度を超えて含むもの

（参照：廃棄物処理法施行令第1条，第2条の4）

(2) 素地調整前の洗浄に用いた水

　素地調整前の洗浄に用いた水については、濾過などを行って異物を除去し、排水基準などから有害でないことが確認できれば、そのまま排水することができます。

［参考文献］
1)　一般社団法人日本鋼構造協会：一般塗装系塗膜の重防食塗装系への塗替え塗装マニュアル，p.91, 2014

Q4-01

Q 塗り替え塗装の前にどのような準備をすればよいですか？

A 塗り替え塗装の前には、あらかじめ施工計画書を作成し、施工条件や作業内容を確認するとともに、それらに対応して所定の施工品質が得られるよう管理項目及び管理基準を定めておくことが必要です。

1．施工計画書

施工中は、施工計画で定めた要領にしたがって確実に施工条件の確認や各種検査の実施などの施工管理を行うとともに、事後に適切な施工が行われ所定の品質が得られたことが確認できるよう記録を残す必要があります。また、施工工程や施工中の安全にも十分配慮する必要があります。

表 1 に施工計画書の記載事項例を示します。良好な施工品質を確保するため、施工対象となる構造物の形状を把握し、施工時期、施工条件（塗装方法、塗装面積、工期、機器の稼動率など）及び、他の作業との調整などの事項をチェックする必要があります。

表 1　施工計画書の記載事項例[1]

工事概要	件名，工期，路線名，工事箇所，位置図，一般図，施工内容 準拠すべき基準及び仕様書
工程表	作業工程，検査工程　等
現場組織	現場組織図 作業者名簿（経験年数，取得資格等）
使用材料	品名，規格，色，製造会社名（専用工場を用いた場合は施工会社名） 使用量等
使用機器	名称，規格，形状，性能，台数
安全対策	現場の安全管理組織，緊急時連絡体制図，火災・地震対策 安全会議，安全パトロール等
交通対策	規制方法（図示）
環境対策	周辺地域に対する汚染，騒音防止対策
仮設備計画	現場事務所や倉庫等の位置図，構造略図，電話番号
施工方法	一般事項：施工順序，気象条件，昼夜間の別 防食施工：スプレー塗装，はけ塗装，ローラ塗装 足場工：足場構造，設置方法 照明，換気：照明，換気方法
施工管理	工程管理：日（週，旬，月）報，進捗管理図 品質管理：ウェット膜厚，塗料使用量 写真管理：工程写真，作業写真
管理用器具	温度計，湿度計，風向風速計，表面温度計等

2. 塗料情報

使用する塗料について、施工時に把握する必要のある主な情報を以下に記載します。また、施工条件と塗料情報をまとめた施工条件チェックシート例を表2に示します。

① 塗料商品名称と塗料種別（塗料規格を含む）、希釈用シンナーの名称
② 希釈率と塗料の適正粘度を示す資料（温度－粘度－希釈率関係曲線など）
③ ウェット塗膜厚と乾燥塗膜厚の関係を示す資料
④ ポットライフ（可使時間）、混合比率（重量比）、熟成時間
⑤ 温度別乾燥時間（指触・硬化）、塗り重ね塗装間隔（最小　最大）
⑥ 流れ発生限界塗膜厚（希釈状態）
⑦ 作業環境条件（温度、湿度に対する制限）
⑧ 塗装作業条件（スプレーノズルチップ、スプレー圧力、塗料ろ過の要否）
⑨ 安全衛生に関する情報（危険物分類、有害性情報、安全データシートなど）
⑩ その他（使用に際して注意を要する事項など）

表2　施工条件チェックシート例 [2]

作成年月日		年　月　日
塗料商品名		塗料メーカー名
塗料種別		◎粘度はイワタカップまたはリオン粘度計に依る測定値で表示のこと。
塗料組成	主展色剤	（　　　　　　）Wt%（生塗料中の含有量）
	主顔料	
	主溶剤	
色相		
標準膜厚（μm/回）		DRY　　　　μm
理論塗付量（g/m²）	生塗料	スプレー使用量（g/m²）　※
比重		揮発分　　　Wt　%
不揮発分（Wt　%）		混合比率（重量）　／
原液粘度（20℃）		希釈シンナー名：
WET膜厚限界	流れ：（※は記入不要）	われ：
		0℃　5℃　10℃　20℃　30℃
乾燥時間	指触	
	半硬化	
	完全硬化	
塗装間隔	MIN.	
	MAX.	
ポットライフ	エアスプレー	%
	はけ塗り	%
希釈率（Wt%）		%（容量）
熟成時間		
塗装条件	スプレー塗装条件	塗装被膜面までの距離　mm　ノズルチップ No.
		塗装機種　　速過金網のメッシュ
		1次圧（空気）　2次圧（塗料）
	環境条件	相対温度　　　% RH　気温（塗料）　℃
		被塗物表面温度　　　　　風速　　　　m/sec
		（最低～最高）（最低～最高）
安全性	引火点（℃）	種有機溶剤・第　　石油類（塗料）・第　　石油類（シンナー）
	危険度	第　種　有機溶剤　　適正：　　　　限界：
		衛生総限度　　　　　ppm
	爆発限界	下限：　　　　　　　上限：　　　%
荷姿		%（容量）
劇毒物および有害物質表示		

[参考文献]

1) 公益社団法人日本道路協会：鋼道路橋防食便覧. p.I-60, 2014
2) 社団法人日本鋼構造協会：重防食塗装. p.123, 2012

Q4-02

Q 被塗面に塩分が付着していると塗り重ねた塗膜にどのような影響がありますか？

A 塗り重ねた塗膜と被塗面との付着が良くないため、剥がれなどの変状が早期に生じる可能性があります。被塗面が塗膜の場合、50mg/m² 以上の塩分が付着している場合は、塗装後早期に膨れなどの変状が生じやすいとされています。

1．塗膜に付着している塩分の影響

文献 1）によると、被塗面が塗膜の場合、塩分が付着していない場合に塗り重ねた塗膜の付着力は約 4 ～ 5 MPa です。その一方で、被塗面に塩分が付着したまま塗り重ねた場合、付着する塩分量が約 150 mg/m² では付着力に大きな変化は見られないものの、付着する塩分量が約 190 mg/m² ではおよそ 6 割程度まで付着力が低下しています。さらに被塗面に付着する塩分量を増加させて 350 mg/m² 以上とすると、塗膜の付着力は 2 MPa を下回っています。このように、塗装工程中に一定量以上の塩分が被塗面に付着した状態で塗り重ねると、所定の付着力が得られません。そのため、塗膜の剥がれや、膨れなどの変状を生じる可能性が高くなると考えられます。

なお、鋼材面に塩分が付着した状態で塗り重ねた場合の塗膜への影響について明確な知見は得られていません。ただし、被塗面が塗膜の場合と同様、塗り重ねた塗膜の付着力に影響を及ぼす可能性は高いと言えます。耐候性鋼に塗装する場合については、素地調整した後の鋼材面に付着する塩分量を 50 mg/m² 以下で管理することが推奨されています [2]。

表 1　塗膜層間の塩分量と付着力の関係 [1]

層間付着塩分量目標値（mg/m²）	付着力（MPa）	破断箇所※と面積（%）	剥離面写真
0	4.5 以上	接／上 100	
350	1.8	接／上 50 上／中 25 下 2／下 1 5 下 1／ジンク 20	

※接／上：接着剤／上塗り界面，上／中：上塗り／中塗り界面，下 2／下 1：下塗り 2 層目／下塗り 1 層目界面，下 1／ジンク：下塗り 1 層目／ジンクリッチペイント界面

2．付着塩分量測定法

被塗面に付着する塩分の測定方法として様々な方法が提案されています。代表的な測定方法を以下に記載します。

（1）電導度法

塗膜面の表面に付着している塩分を脱イオン水に溶出させ、この塩分溶出液の電気伝導度を測定し、塩分濃度に換算して塩分量を求める方法です。電導度法の長所は、測定機器の写真 1 に示すように、コンパクトなサイズで現場での測定も容

写真 1　電導率測定法の使用状況 [2]

易で、短時間に多くの測定が可能なところです。一方、測定面積が小さく局部的な測定となるので、測定箇所数を多くする必要があることと、可溶な電解質（塩化物，硫化物，硝酸塩等）の総量を定量することになる点に注意が必要です。

(2) ブレッスル（BRESLE）法[2]

測定面にブレッスルパッチを貼り、注射器でパッチ内部に純水を注入し、十分に攪拌して付着塩分を抽出、全量を注射器で回収し電気伝導率を測定する方法です。ブレッスルパッチ法は、初期導入費用が比較的安く、現場で広く採用されていますが、パッチが消耗品であるため比較的高価な測定方法です。また、パッチを剥がす時に張り付けた素地に粘着剤が残る可能性があるなどの欠点があります。

［参考文献］
1) 冨山禎仁，西崎到：現場塗装時の塩分が鋼道路橋の塗膜性能に及ぼす影響に関する検討，構造工学論文集，Vol.61A，pp.552-561, 2015
2) 公益社団法人日本道路協会：鋼道路橋防食便覧，2014

コーヒーブレイク④ 「悪素地面用の塗料」

鋼構造物の塗替えにおいて、塗装前の素地調整にかかる労力やコストは少なくありません。また、発生する火花による引火の危険性がある場合等、素地調整そのものが困難なことがあります。このように、素地調整で錆を十分に除去することができずに錆が残存した鋼材表面を悪素地面と呼びます。悪素地面に対して塗装すると早期に腐食が再発し塗膜下で進行するため、通常の塗料と比較して、一定の防食性を得るための塗料技術の開発が近年盛んになってきています。その代表例として、防食性の無い錆を防食性のある錆（主にマグネタイト）に転換させる技術、錆を根こそぎ固定化してしまう技術、錆に含まれる塩化物イオンを吸着し腐食性を穏やかにする技術などが挙げられます。

しかし、塗装現場における錆は千差万別であり、適用するにあたっては事前にそれぞれの適応性を調べることが必要です。

Q4-03

Q 塗装前の塗料の取り扱いに関する留意点には、どのようなものがありますか？

A 缶の開口、攪拌、調合、希釈及び可使時間に十分配慮する必要があります。また、SDS を十分確認し、火気から離れ、換気ができる場所で塗料を扱う必要があります。

　塗料の取り扱いにあたり、開缶から塗装するまでの注意事項[1] を以下に示します。

(1) 缶の開口

　攪拌作業を容易にするため、開缶前に容器を振とうして内容物を均一にします。開口は大きくすることが必要です。また、塗料の有効期間を確認し、製造後長期間経時した塗料は、容器振とう前に開缶して皮張り、色浮き、固化などの変状の有無を確認します。皮張りは、表層に乾燥膜が生成した状態で、薄い乾燥膜の場合、除去後塗料を金網で濾過して使用できますが、膜の乾燥膜を生じた塗料は使用できません。色浮きは、着色された塗料を開缶したとき、比重の軽い着色顔料が表面に浮遊して分離した状態で、十分な攪拌により解消できます。ただし、再分離や塗装後に色分かれを生ずる可能性があるので、攪拌して1～2時間後に再確認或いは試験塗りをして、使用の可否を判断します。固化は、塗料がゲル化して流動性をなくし固まっている状態で、このような塗料は使用できません。

(2) 攪拌

　塗料は、容器内で顔料が沈殿しているなど必ずしも均一でありません。攪拌が不十分な場合に生じる欠陥には、色違い、色むら、光沢消失、隠蔽力不足、乾燥不良、付着力不足、防錆力不足などが挙げられます。特に多液形塗料や高粘度塗料は、乾燥むらを生じやすいため、攪拌機を用いて十分に攪拌する必要があります。ジンクリッチペイントのように金属粉が混合されている塗料は、短時間のうちに金属成分が沈殿するため、定期的に適当なヘラや棒を使用して容器の底からかきあげて攪拌を行います。沈殿量が多い場合には、溶液部分を別容器に移し、沈殿物をよく練りつぶしてから、溶液を戻して十分に攪拌します。攪拌器などの機械攪拌を行う場合は、溶剤の揮発が促進され塗料粘度が著しく増加し、空気の巻込みによる泡が発生することがあるので注意する必要があります。

(3) 調合

　エポキシ樹脂塗料、ジンクリッチペイントなど多液混合型の塗料は、指示された割合に従って正確に調合する必要があります。これらはA液、B液、主剤、硬化剤などと表示されています。硬化剤は、硬化させる意味のほかに、主剤に対して正しい比率で混合することにより新しい重合物が生成し塗膜としての性能を発揮するためのものです。硬化剤の比率を指定より多くして速乾性を期待することや、塗装後に硬化剤を散付して硬化を促進させることはできません。無機ジンクリッチペイントは、一般にケイ酸質のバインダーに高濃度亜鉛粉末を含有させ、塗装後に空気中の水分（湿気）により加水分解後、さらに脱水縮合により塗膜を形成する一液一粉末形の塗料です。このため、比重の大きい亜鉛粉末を少量ずつ投入し、

撹拌を十分に行います。大量の亜鉛を一度に入れると亜鉛の分散が悪く、スプレーチップの詰まりの原因となります。調合後に 80 ～ 100 メッシュのふるいで濾過して亜鉛の塊などを除去してから使用するが、塗装作業時も亜鉛粉の沈降を避けるため撹拌しながら塗装します。小さい容器で作業を行う場合は、十分に撹拌した均一なものを小分けして塗装します。小分けする容器は塗料ごとに清浄なものを使用する必要があります。

（4）希釈

　塗料の粘度は一般に温度の影響を受けるので、塗装作業時の気温、塗付方法に適した粘度にするために、塗料と同一メーカーの指定された希釈剤を使用します。希釈剤が不適切な場合、塗料の粘度が低下せず、ゲル化や樹脂の析出などして使用できなくなる場合もあります。塗料によっては、冬用など季節用の希釈剤が用意されています。塗料粘度が高すぎると、乾燥不良に伴う塗膜の縮みや不均一を生じます。過度に希釈すると、塗膜のたれ、流れ、膜厚不足、色分かれ、付着力や隠蔽力不足などの原因になります。

（5）可使時間（ポットライフ）

　主剤と硬化剤や主剤と、硬化剤・硬化促進剤という組合せで使用する 2 液以上の多液混合型塗料では、調合後から化学反応が始まり、長時間経過すると硬化による塗料粘度上昇などの変質により、塗装作業に不適な状態となるとともに塗膜性能に悪影響を与えます。調合から塗装が可能な使用時間（可使時間と呼びます）は、主に塗料種別、塗料温度により変化します。塗料ごとに施工条件チェックシートに標準的な気温と可使時間が示されているので、これに従って塗装作業を行います。可使時間が過ぎても塗料の粘度上昇や発熱が確認できない場合がありますが、塗料本来の性能（耐久性など）が発揮できないことがあるので、可使時間を過ぎた塗料は使用できません。無溶剤形塗料は、一般的に低分子量のエポキシ樹脂とアミン系樹脂の硬化反応によって塗膜を形成するため、硬化反応時の発熱により反応が促進されて著しく粘度が上昇します。このため、可使時間が短い点に注意が必要です。

（6）安全データシート（Safety Data Sheet：SDS）

　化学物質の物理化学的性質や危険性・有害性及び取扱いに関する情報や化学物質等を譲渡または提供する相手方に提供するためのものです。SDS に記載する情報には、化学製品中に含まれる化学物質の名称や物理化学的性質のほか、危険性、有害性、ばくろした際の応急措置、取扱方法、保管方法、廃棄方法などが記載されています。

（7）火気に関する注意

　塗装作業では有機溶剤による火災や引火爆発に注意する必要があります．有機溶剤は火気に関して以下の性質があります．①蒸発しやすく蒸気の比重が空気の 2 ～ 4 倍と重いので，低いところに流れて滞留する．②引火点の低いものが多く引火しやすい．③空気中の蒸気濃度が 1 ～ 10％で爆発の危険性がある．使用する有機溶剤の引火点，爆発限界濃度などの情報は，施工条件チェックシートで確認を行う必要があります．

［参考文献］

1）社団法人日本鋼構造協会：重防食塗装，pp.121-123, 2012

Q4-04

Q 鋼構造物の塗装方法にはどのような種類がありますか?

A 主に刷毛やローラーのように押し付けて塗る塗装方法、塗料を空気や高圧などで霧化微粒化し、塗着させる塗装方法（スプレー）があります。

塗装方式にはそれぞれ長所、短所があるため、使用する塗料の種類や被塗物の大きさや形状、作業性等に応じて選択することが必要になります。現在用いられている塗装方法の種類と特徴を**表1**に示します。

表1 塗装法の種類と特徴 [1]

塗装方式		特徴
刷毛		平滑、均一に塗付する技能が必要。
ローラー		平面部に適する。施工効率が良い。泡や貫通孔（ピンホール）が残留する可能性が高く、仕上がり感が劣る。
圧送式刷毛、圧送式ローラー		連続的作業が可能。塗料ロスが多い。
スプレー	エアスプレー	平滑で塗装面の仕上がり感が良い。スプレーミストの飛散が多い。
	エアレススプレー	作業効率が良い。厚膜に塗付できる。スプレーミストの飛散が多い。
	静電（液体）	塗着効率が高い。スプレーミストの飛散が比較的少ない。

1. 刷毛塗り

刷毛塗りは、部材形状に適した刷毛を用いることで良好な塗装作業が行える塗装方法で、古くから用いられてきました。刷毛塗りには、平滑、均一に塗付する技能が求められますが、設備が不要で狭い部分の塗装も可能であり、周辺環境への汚染が少ないため、現場塗装工法として広く採用されています。刷毛の種類は毛の材質や大きさ等、多種多様であり、その選択は、塗料の種類や塗装目的に適する刷毛を選択する必要があるため、経験豊富な塗装作業者などの適切な助言をもとに選択することが必要になります。

2. ローラー塗り

ローラー塗りは、専用ローラーに塗料を含ませ回転させながら対象面に塗膜を形成させる塗装方法であり、広く平坦な面の塗付作業に適しており、刷毛塗りに比べて作業効率が優れ、塗膜厚のばらつきも小さくすることができます。塗料粘度や目標塗膜厚に適したローラーカバーの選定により、適用範囲の拡大も可能です。ただし、凹凸面、細物部材、狭隘部などには不適な場合が多く、これらの部位に適用する場合は、刷毛による先行塗りが必要となります。

3. スプレー塗装 [1]

スプレー塗装とは、液状の塗料を霧状にして対象物へ塗付する方法、または粉体塗装のような微粒子を吹付ける方法を指します。液状塗料を霧化する方法として、下記に示す方法があります。

①　エアスプレー塗装

霧吹きの原理と同じで塗料ノズルより噴出した塗料に圧縮空気を衝突させることによって微粒化します。

②　エアレススプレー塗装

水道のホースの出口を徐々につぶしていくと水の流れが速くなり、やがて小さく水滴になっていくのと同じ原理で、塗料に高圧力（10 〜 25 MPa 程度）をかけ小さいノズル（0.1 mm 以下）から大気中に噴出させ、空気との衝突によって霧化させます。

③　静電エアレススプレー塗装

高電圧を加えて霧化した塗料粒子をマイナスに帯電させ、静電界の中で電気的に塗料を付着させる静電エアレススプレー塗装は、一般のエアスプレー塗装やエアレススプレー塗装と比較してミストの飛散が少なく、高粘度の塗料や厚膜塗装にも適しています。

スプレー塗装は主に工場塗装に用いられてきましたが、近年スプレー器具や養生シートの開発により飛散防止対策がとられるようになり、周辺環境条件の制約が厳しい都市部の現場塗装でも採用される事例が増えています。

［参考文献］
1) 社団法人日本鋼構造協会：重防食塗装．pp.109-114, 2012

Q4-05

Q エアレススプレー塗装にはどのような特徴があり
ますか？

A エアレススプレー塗装は刷毛、ローラーに比べて作業能率が高く、
厚膜に塗付できる特徴があります。ただし、スプレーミストの飛散
が多いという欠点があります。

　エアレス塗装機は、塗料を高圧にして圧送する高圧ポンプ及び高圧塗料を霧化させるエアレススプレー
ガンとノズルチップ、エアレスホースで構成されます。塗料を高圧化する方法により主に次の3種に分類
されます。

① **空気駆動式エアレス**

　圧縮空気によりエアモーターを往復運動させ、プランジャ本体が塗料を高圧にする方法

② **電動式エアレス**

　プランジャポンプ（一定空間容積にある液を上下動により移送を行うポンプ）のエアモーター（圧縮空
気を用いた動力源）の代わりに電動機またはエンジンによりクランク機械を用い、プランジャ本体を往復
運動させる方法

③ **ダイアフラムエアレス**

　電動機、またはエンジンを動力源として油圧ポンプを動かし、ピストンの往復運動によって生じた油圧
でダイアフラムを上下運動させる方法

　エアレス塗装機のノズルチップは、スプレーパターンの開き、形状、塗料噴出量に影響を与えます。塗
料塗出量は、ノズルチップ先端の孔の面積によって決まり、スプレーパターンの開きは、先端の楕円形の
孔の長径と短径の比によって、概ね決まります。

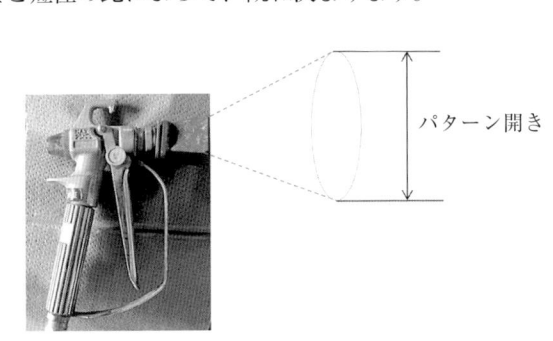

パターン開き

図1　エアレススプレーガンノズル外観

図2　エアレス塗装機の外観

　最近、現場塗装においても塗装の機械化で施工効率の向上による工数の削減、重防食塗装系が塗替え塗
装にも採用されるようになってきており、高品質の塗膜形状が要求されます。塗替塗装時にエアレススプ
レー塗装を行う場合は、塗料飛散を防ぐことが求められるため、スプレーミストの飛散が少なく、塗着効

率の良いエアレススプレー塗装方式として、静電エアレススプレーやエアレススプレーガンの改良が行われています。

1) 静電エアレススプレー

　静電エアレススプレーは、塗料ミストにマイナスの電荷を与え、被塗物にアースをとりプラス側とし静電界を作り、両者に吸引力を与える塗装方法で、一般のエアレススプレーと比べて塗料の飛散が少ないという特徴があります。チップの外側からスプレー流を包むように空気を流し、塗料の飛散を防止するとともに、低圧で噴出したときのスプレー流の乱れを矯正する方法もあります。その方法として図3のような静電エアラップエアレス塗装法があります。

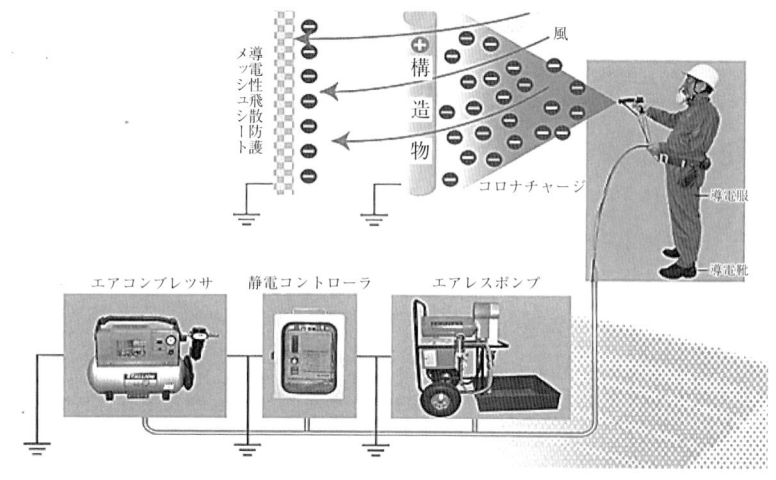

図3　静電エアラップエアレス塗装法のシステム[1]

2) エアレススプレーガンの改良（低飛散スプレーガン）

　スプレーミストの飛散により塗料ロスが多くなることを改善するためにエアレススプレーガンのガン先にある噴射孔から圧縮空気をらせん状に噴射し、そのエアカーテンで塗料を包み込むエアレススプレーガンの方式（低飛散スプレーガン）です。らせん状のエアカーテンで塗料を包み込み被塗物に塗着させるので、塗着効率の向上が期待できます。

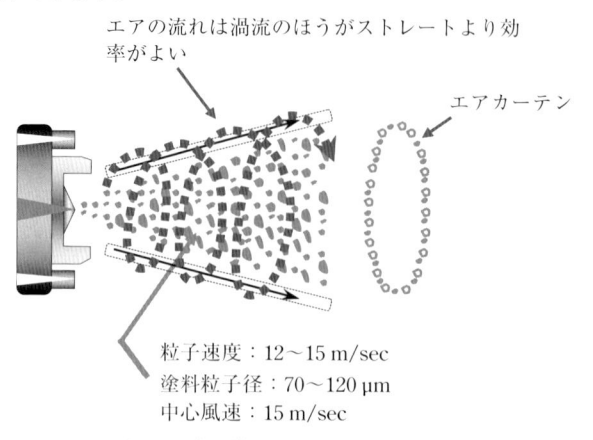

図4　低飛散スプレーガンの模式図

［参考文献］

1）社団法人日本鋼構造協会：重防食塗装．pp.111-116, 2012

Q4-06

Q 工場塗装と現場塗装にはどのような違いがありますか？

A 工場塗装方式は、新設時の構造物を対象とし、製作工場内で塗装する工程です。現場塗装方式は、新設時の添接部や補修部の塗装と既設構造物の塗替え塗装の工程です。

1. 各塗装工程の概要

鋼構造物の塗装工程は、①工場塗装方式、②現場塗装方式に大きく分かれており、現場塗装方式は、新設構造物に塗装する場合と、既設構造物に塗装する場合に大別されます。

①工場塗装方式

工場塗装方式は、製作工場内で塗装する方法であり、新設の鋼構造物を対象とした塗装方法になります。本方法の利点として、屋内もしくはそれに準じた降雨等の影響を受けにくい状態で施工できるため、各塗膜間に付着する介在物を最小限に抑えることができ、安定した品質が期待できます。

②現場塗装方式

1) 新設構造物への塗装 [1]

新設構造物へ塗装する工程の一例として、鋼橋の塗装工程を**図1**に示します。製鋼工場で一次防錆プライマーが適用された鋼板は、製作工場において加工・ブラストされた後に所定の塗装仕様が工場塗装方式で適用されますが、架設現場で接続する継手部や、輸送時の塗膜損傷部は現場塗装方式で塗装する必要があります。なお、**図1**は所定の塗装仕様を上塗まで工場で塗装する方式（全工場塗装と呼びます）であり、新設構造物の一般的な塗装方法ですが、工場では下塗まで塗装し、架設後に中塗と上塗を塗装する方式もあります。

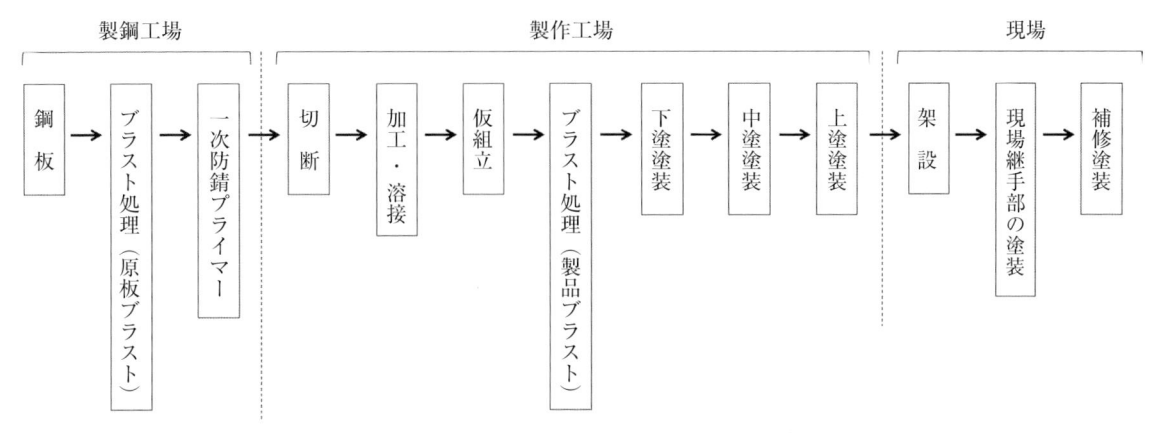

図1 新設鋼橋の塗装工程例（全工場塗装）[2]

2）既設構造物への塗装 [3]

既設構造物への塗装とは、構造物の腐食や塗膜劣化に伴う防食機能の低下が認められた場合に、腐食箇所や塗膜劣化箇所の機能回復を目的として行われる方法です。ここでは、既設構造物への塗装方法の一例として、既設の鋼橋の塗替え工程を**図2**に示します。

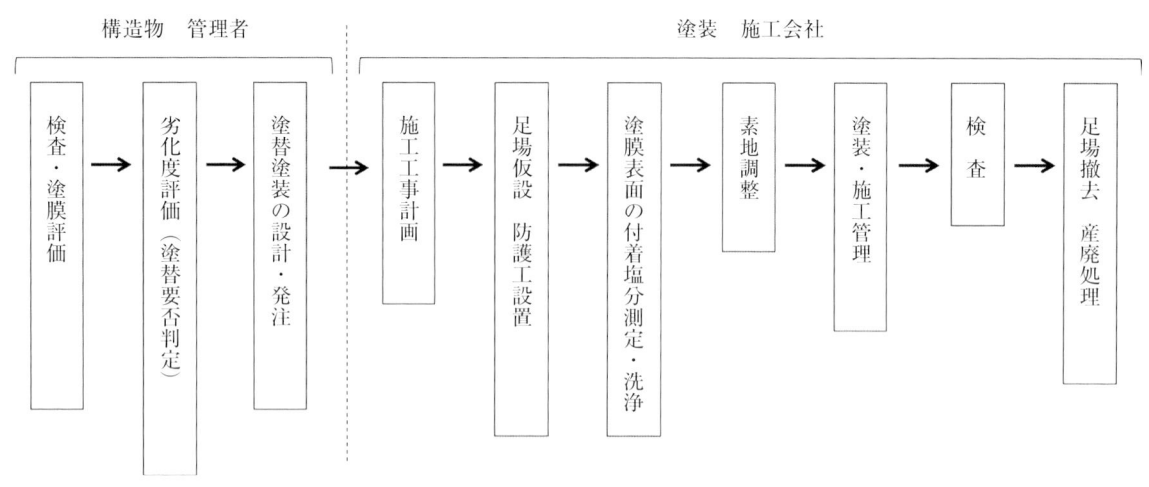

図2　既設鋼橋の現場塗装の工程例

2. 各塗装工程の違い

工場塗装と現場塗装とでは、塗装方法が大きく異なります。工場塗装はエアレススプレーによる塗装が基本であり、刷毛塗りは狭隘部、フランジ、コバ面などの先行塗装等、補助的な箇所に限定されます。工場塗装の特徴としては、品質管理がしやすいという点が挙げられます。また、使用可能な塗料は多く、既設鋼橋の現場塗装には適さない無機ジンクリッチペイントを使用することもできます。一方、現場塗装では基本的に刷毛塗り、ローラー塗りであり、その作業効率の差は歴然としています。工場で塗装仕様の上塗まで行う全工場塗装の場合、現場で中・上塗を行う場合と比較して、輸送・架設後の補修塗装の増加などのコストがかかります。しかし、塗装作業者の作業効率を考慮すると、全工場塗装の方がコスト削減につながるとともに塗膜の耐久性も向上します。

［参考文献］
1）技術情報館　SEKIGIN　塗料・塗装：塗装概論「新設塗装工程」
2）社団法人日本鋼構造協会：重防食塗装. p.93, 2012.
3）技術情報館　SEKIGIN　塗料・塗装：塗装概論「塗り替え塗装工程」

Q4-07

Q 塗装直後に損傷が生じた場合には、どのようにすればよいですか？

A 塗装後の塗膜の損傷には、部材を移動・輸送・架設時の損傷と塗装直後の降雨など塗膜品質に支障をきたす損傷があります。いずれの場合においてもそれぞれ適切な素地調整の後に、補修塗装を行います。

塗装後の塗膜の損傷は、部材を移動・輸送・架設時の損傷と塗装直後の降雨など塗膜品質に支障をきたす損傷があります。塗膜の損傷程度と補修方法例を表1に示します。

補修塗装した部分と既存塗膜との間には段差が生じやすいので、補修部分の周辺を研磨紙などにより段差がつかないように処理する必要があります。局部的な損傷の補修塗装は刷毛塗りで、補修対象面積が広い場合にはローラー塗りで行います。また、損傷原因が塗装系としての塗膜品質に支障をきたす場合には、再度ブラストにより素地調整からやり直すことが推奨されます。

表1　塗膜の損傷程度と補修方法例[1]

塗膜の損傷程度		素地調整	塗装系
移動・輸送・架設時の損傷	素地露出の場合	手、動力工具により十分に錆を除去する。	原塗装仕様に準ずる。
	素地に達しない場合	手、動力工具により面粗し、清掃をする。	状況に応じて仕様を選択する。
塗膜品質に支障をきたす損傷（塗装直後の降雨による損傷等）[注]		ブラスト	原塗装仕様に準ずる。

注）塗膜表面の白化は極表層のみの変状のため塗膜品質に支障をきたす損傷ではない

部材の輸送・架設時の局部的な塗膜の損傷は避けられません。輸送・架設中に発生した塗膜損傷部は、点検漏れが生じないよう十分な調査を行い、マーキングテープなどで識別しておく必要があります。また、塗膜損傷部の塵埃、汚れなどは、補修塗膜との付着に支障をきたすためウエス等で拭き取ります。

輸送・架設時の塗膜損傷は、引っかき傷、擦り傷、圧着傷、打ち傷に分類されますが、その補修方法は傷の深さによって対応が異なります。下記塗装系の場合の傷の深さによる補修方法施工例を図1に示します。

＜塗装系＞

- ・防食下地　　　無機ジンクリッチペイント（75 μm）
- ・ミストコート　エポキシ樹脂塗料下塗（− μm）
- ・下塗　　　　　エポキシ樹脂塗料下塗（120 μm）
- ・中塗　　　　　ふっ素樹脂塗料用中塗（30 μm）
- ・上塗　　　　　ふっ素樹脂塗料上塗（25 μm）

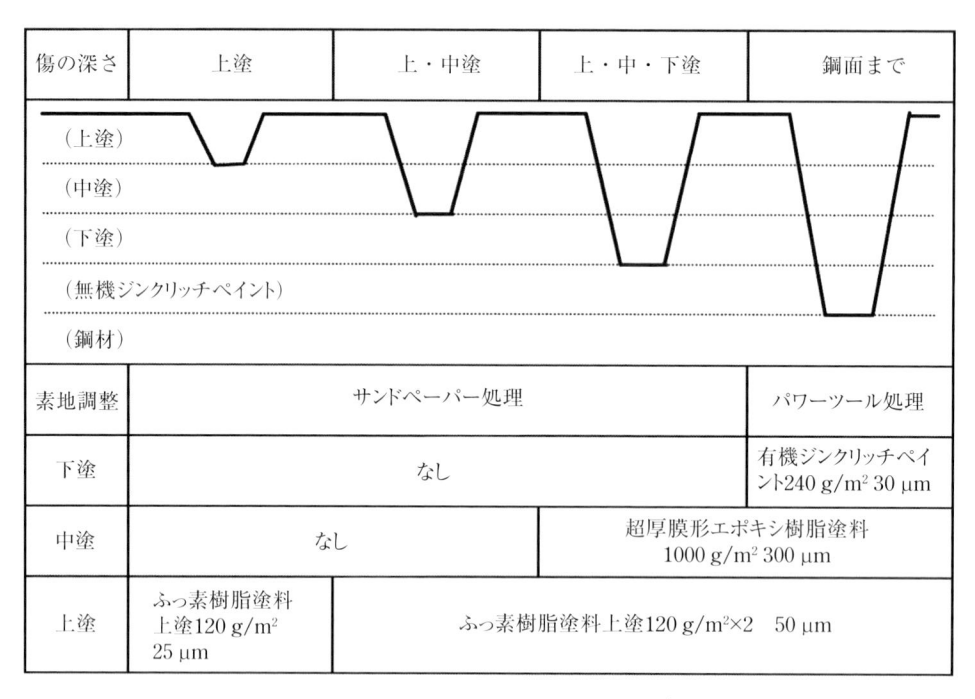

傷の深さ	上塗	上・中塗	上・中・下塗	鋼面まで
（上塗）　（中塗）　（下塗）　（無機ジンクリッチペイント）　（鋼材）				
素地調整	サンドペーパー処理			パワーツール処理
下塗	なし			有機ジンクリッチペイント240 g/m² 30 μm
中塗	なし		超厚膜形エポキシ樹脂塗料 1000 g/m² 300 μm	
上塗	ふっ素樹脂塗料上塗120 g/m² 25 μm	ふっ素樹脂塗料上塗120 g/m²×2　50 μm		

図 1　傷の深さによる補修方法施工例 [2]

［参考文献］
1）社団法人日本鋼構造協会：重防食塗装，p.128, 2012
2）公益社団法人日本道路協会：鋼道路橋防食便覧，pp.II-67-68, 2014

Q4-08

 Q 塗装時の膜厚管理はどのように行われますか？

A 鋼構造物を管理している機関の規格には膜厚管理基準があり、新設塗装時には、乾燥膜厚の平均値や最小値で管理しています。塗替塗装時には厚さの異なる既存塗膜が存在するため、空缶数量の確認による使用量検査によって膜厚管理が代用されています。

重防食塗装における膜厚管理は乾燥膜厚で行われ、一般に平均膜厚値ではなく、最小膜厚値とばらつきを考慮した管理がなされています。例外として、道路橋では平均膜厚で管理されています。表 1 に、各規格で定められた膜厚の管理基準例を示します。

表 1　膜厚管理基準例 [1]

規格名	判定基準	測定頻度	使用する計器
鋼道路橋防食便覧 2014 年	(1) ロットの塗膜厚平均値が目標塗膜厚合計値の 90 % 以上であること (2) 最小塗膜厚が目標塗膜厚合計値の 70 % 以上であること (3) 測定値分布の標準偏差が目標塗膜厚合計値の 20% を超えないこと	(1) 1 ロット 200 〜 500 m² として、1 ロット 25 点以上 (2) 各点の測定は 5 回行い、その平均値を測定値とする	規定なし（一般的には電磁式の二点調整形電磁微膜計を適用）
鋼構造物塗装設計施工指針 2013 年	(1) 1 つの測定値が標準塗膜厚の 60 % 以上（測定最小値）であること (2) 標準塗膜厚の 75 % 以上（下限合格判定値）であること	(1) 塗装面積 100 m² 以下 10 m² につき 1 測定点 (2) 塗装面積 100 〜 500 m² 以下 15 m² につき 1 測定点 (3) 塗装面積 500 m² 以上 20 m² につき 1 測定点	JIS K 5600-1-7 に規定する磁気誘導原理または電磁誘導原理を用いた計器
SSPC（SSPC-PA-2）	(1) 測定値の平均は標準値の 100 % 以上 (2) 最小値は標準の 80 % 以上（3 点の平均）	(1) 100 ft²（9.3㎡）ごとに 5 か所測定 (2) 1 か所は 3 点の平均で表す	タイプ 1　永久磁力式 タイプ 2　電磁膜厚計
BS 5493	(1) 測定値の平均は標準値の 100 % 以上 (2) 最小値は標準の 75 % 以上	−	規定なし

1．乾燥膜厚を直接計測する管理方法

　写真1に示すような電磁膜厚計を用いて乾燥膜厚を直接計測します。電磁膜厚計は磁力を応用したものであり、その原理を**図1**に示します。膜厚計の磁気作用は、素材の鋼種、板厚、粗度によって異なるので、測定値のばらつきの原因になります。鋼種が混用されているときの膜厚測定は、特に注意が必要です。

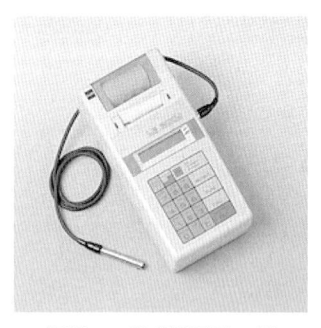

写真1　電磁膜厚計の例

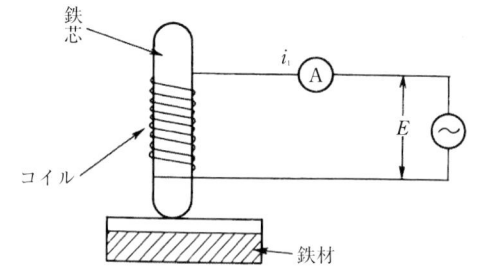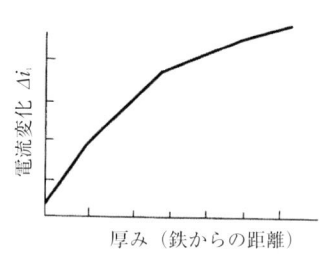

図1　電磁膜厚計の原理[2]

2．ウェット膜厚による管理方法

　塗装中または塗装直後、まだ揮発分が含まれたままの状態の膜厚をウェット膜厚といいます。

　図2に示すウェットフィルムシックネスゲージを用いて塗装中のウェット膜厚を管理することにより、塗装後の乾燥膜厚を予測し管理することができます。

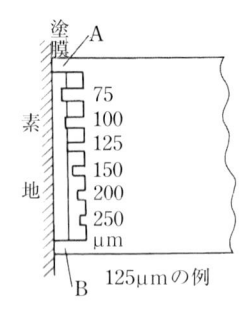

塗料付着目盛	塗 膜 厚
どの目盛にも付着しないとき	75μm 未満
75	75μm 以上 100μm 〃
75，100	100　〃　125　〃
75，100，125	125　〃　150　〃
75，100，125，150	150　〃　200　〃
75，100，125，150，200	200　〃　250　〃
75，100，125，150，200，250	250　〃

図2　ウェットフィルムシックネスゲージの例[1]

3．膜厚の間接的な管理方法

　乾燥膜厚を直接計測する手法とは別に、単位面積当たりの塗料の使用量を充缶あるいは空缶検査より計算する方法があります。塗替塗装時に既存塗膜が存在する場合には、この方法が適用されます。基準となる塗料の使用量は、通常、発注者の設計図書により設定されます。

［参考文献］
1) 社団法人日本鋼構造協会：重防食塗装，pp.124-126, 2012
2) 社団法人日本鋼構造協会：重防食塗装の実際，p.176, 1988

Q4-09

Q 開缶時の塗料の不具合にはどのようなものがありますか？

A 開缶時の塗料の不具合には、増粘、ゲル化、顔料の沈殿などがあります。塗料の増粘やゲル化は塗膜変状の発生要因となる可能性があり、そのまま使用することはできません。顔料の沈殿については、十分な撹拌により均一な状態に戻る場合には使用することができます。

塗料開缶時の塗料の不具合（塗料の変質）事例を以下に示します。

1. 増粘

塗料の粘度が上昇して流動性が低下する塗料の性状不良です。厚膜形塗料や低溶剤形塗料では、揺変剤の効果で**写真1**のように増粘することがあります。撹拌して流動性が正常になる場合は、試し塗りなどで塗装作業性や塗膜の外観を確認します。

2. ゲル化

湿気硬化形塗料が水分と接触して、**写真2**のように準固状になったものです。

3. 顔料の沈殿

貯蔵中に顔料類の溶剤不溶物が容器の底に沈殿する状態です。使用有効期限の超過で起こりやすく、顔料成分の多い塗料や比重の大きい顔料を使用した塗料（亜鉛末既調合形の有機ジンクリッチペイントや下塗塗料）に生じやすい現象です。**写真3**は、赤錆色のエポキシ樹脂塗料下塗の酸化鉄顔料が沈殿した様子です。十分に撹拌すれば問題ありませんが、手で撹拌した程度では底に固まりが残ります。

4. 皮張り

容器内で塗料の表面が乾燥して皮が張る現象です。容器の密閉不十分や高温で塗料を保管した場合に起こりやすく、酸化重合形塗料や湿気硬化形塗料に生じやすい現象です。容器を密閉し、適正な保管を行うことで回避することができます。

写真1　増粘

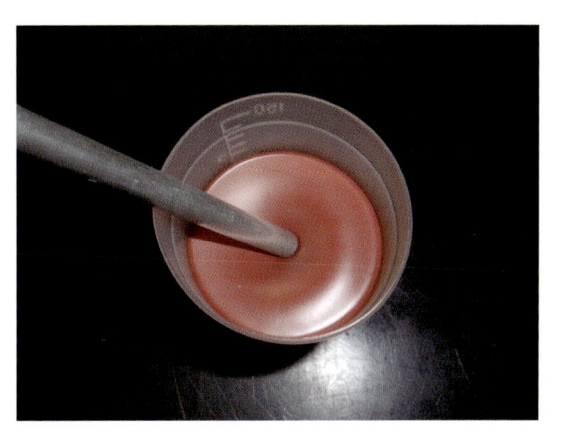

写真2　ゲル化

写真 3　顔料の沈殿

　それぞれの塗料の変質について、発生現象、想定される原因、塗膜性能への影響・処置方法を表 1 に示します。

表 1　塗料の変質事例とその処置方法 [1), 2)]

種　類	発生現象	推定される原因	性能への影響・処置
増粘	貯蔵中に粘度が上昇して流動性不良になる状態。さらに進み流動性がなくなるとゲル化となる。	貯蔵中の変質や開封後の保管状態不良（溶剤分の揮発）などで生じやすくなる。	塗装作業性の低下や塗膜厚が不均一になりやすい。品質確認を行い、正常であれば粘度調整して使用する。
ゲル化	塗料が液状から固状または準固状に変化する。開封状態で時間が経過した湿気硬化形塗料などに見られる。	溶剤分の揮発、または湿気硬化形塗料の場合は水分（湿気）との接触で生じやすい。	正常な塗膜が得られないので使用しない。
顔料の沈殿	貯蔵中に顔料類の溶剤不溶物が容器の底に沈殿する。	使用有効期限の超過で起こりやすい。顔料成分の多い塗料や比重の大きい顔料を使用した塗料（亜鉛末既調合形の有機ジンクリッチペイントや下塗塗料）に生じやすい。	正常な塗膜が得られない。撹拌で均一化する場合は使用する。ただし、均一化されないものは使用しない。
皮張り	容器中で、塗料の表面が乾燥して皮が張る現象。酸化重合形塗料や湿気硬化形塗料に多く見られる。	容器の密閉不十分や高温で塗料を保管した場合に生じやすい。	表層の皮を除去した後に使用することができる。

［参考文献］

1)　社団法人日本鋼構造協会：重防食塗装，pp.134-135, 2012

2)　関西鋼構造物塗装研究会：わかりやすい塗装のはなし塗る，p.155, 2001

Q4-10

Q 塗装直後の白化とは、どのような現象ですか？
またどのように対処したらよいですか？

A 塗装直後の白化とは、塗料が硬化して塗膜になる過程において水分との接触により塗膜表面が白濁したようになる現象です。塗膜が白化した場合には、表面をサンドペーパなどで目粗しした後に次工程の塗料を塗装します。

1. 白化現象

白化とは、塗料が硬化して塗膜になる過程において、水分（降雨・結露など）との接触により塗膜表面が白濁したようになる現象です。アミン化合物を用いるエポキシ樹脂塗料、変性エポキシ樹脂塗料やイソシアネート化合物を用いるポリウレタン樹脂塗料、ふっ素樹脂塗料などは、塗装後に短時間で水分と接触すると、この現象が生じます（**写真 1、写真 2**）。

一般的に、エポキシ樹脂塗料及び変性エポキシ樹脂塗料の白化現象は、アミンブラッシングと言うこともあります。

写真 1　変性エポキシ樹脂塗料の白化

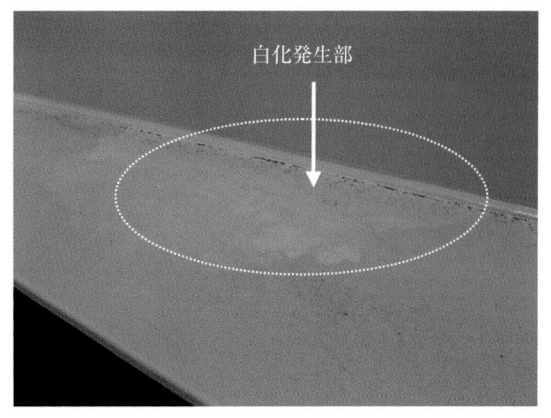

写真 2　上塗塗料の白化

2. 対処法

白化現象は、塗膜のごく表層で起こる現象であり、防食性等の塗膜性能への影響は認められません。次工程の塗料との付着性を確保するために、サンドペーパ等で塗膜表面を目粗しした後に、次工程塗料を塗装します。上塗塗膜（最終仕上げ塗膜）が白化した場合に、美観上の制約があれば、サンドペーパ等で塗膜表面を目粗しした後に同一塗料で補修塗装を行います。

3. 白化の予防策

1）降雨や結露が予想される場合には塗装を中止する。

2）相対湿度が 85 ％ RH 以上の高湿度環境での塗装を避ける。

3）エポキシ樹脂塗料、変性エポキシ樹脂塗料の硬化反応は、環境温度に大きく左右され、低温になると硬化速度が遅れるため、5℃以下での塗装を避ける。

[参考文献]

1) 社団法人日本鋼構造協会：重防食塗装, p.140, 2012

コーヒーブレイク⑤　「塗膜の白化と白亜化の違い」

　塗膜の白化は、塗料の硬化過程において水分（降雨、結露など）との接触により塗膜表面が白濁したようになる現象です。塗膜形成直後に生じます。アミン化合物を用いるエポキシ樹脂塗料、変性エポキシ樹脂塗料やイソシアネート化合物を用いるポリウレタン樹脂塗料、ふっ素樹脂塗料などは、塗装後短時間のうちに水分と接触すると、この現象が生じます。

　塗膜の白亜化は、塗膜表層の樹脂成分が紫外線、酸素、水などにより分解され、塗膜表面に微粉が付着した状態になり、元の色よりも白く見える現象です。チョーキングと呼ばれる場合もあります。塗膜の白化は塗膜形成直後に生じる現象ですが、白亜化は経年により生じる塗膜劣化です。

Q4-11

Q 上塗り塗装時や塗装後に色分かれが生じた場合には、どのように対処すればよいですか？

A 色分かれは、着色顔料が分離して所定の色とは異なる色に仕上がったり、または不規則な斑紋を生じる現象です。外観不良となるため、表面をサンドペーパなどで目粗しした後に再塗装を行います。

1. 色分かれ現象

塗料には、所定の色に調整するために複数の着色顔料が使用されています。例えば、水色の色に調整する場合には、白色顔料と青色顔料が使用されています。

色分かれ現象とは、これらの着色顔料が分離して所定の色と異なる色に仕上がったり、または、不規則な斑紋を生じる現象です。**写真1**に、色分かれの事例を示します。

 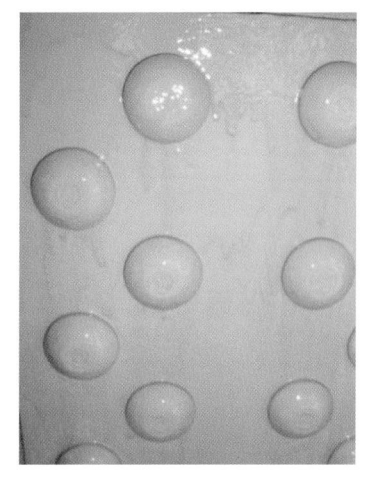

写真1 色分かれ

2. 要因

塗料に起因する要因としては、着色顔料の分散不良や混合不良が挙げられます。各着色顔料の分散状態が十分でない場合に、顔料の再凝集によって色分かれを生じます。塗装に起因する要因としては、過剰希釈や厚塗り等による膜厚の不均一な塗装によって色分かれを生じます。

3. 対処法

色分かれ現象は外観不良となりますが、防食性など塗膜性能への影響はありません。色分かれ発生部の塗膜表面をサンドペーパなどで目粗しした後に、同一塗料を再塗装します。塗料に起因する場合には、塗料の差し替えが必要になります。

4. 色分かれの予防策

色分かれを生じないようにするには、以下の方法が考えられます。

1) 電動撹拌機等により、使用前に塗料を十分に撹拌する。

2) 過剰な希釈を避ける。

3) 厚塗りをせず、均一な塗装をする。

［参考文献］

1) 社団法人日本鋼構造協会：重防食塗装, pp.136-141, 2012

コーヒーブレイク⑥　「無機ジンクリッチペイントの発泡とミストコート」

　無機ジンクリッチペイントの上にエポキシ樹脂塗料などの塗料を塗り重ねた場合に発泡もしくはピンホールが発生します。これは、防食性の低下を招くことになります。

　原因は、無機ジンクリッチペイントの塗膜には空隙（ボイド）が存在し、塗料を塗り重ねた場合、塗料と空隙部分の空気が置換されます。この空気が塗り重ねた塗膜に残存したものが泡やピンホールとなります。

　対策としては、ミストコートによる封孔処理を行うことです。これは、ミストコート専用塗料や塗り重ねる塗料をシンナーで希釈したもの（30 %〜 60 %程度）を無機ジンクリッチペイントに塗布することで、無機ジンクリッチペイントの空隙に浸透し、空気と置換されます。この空気はミストコート表面に浮上し、泡が破れて、さらに表面に層を形成します。ミストコート硬化後に次層の塗料を塗り重ねても空隙との置換は起こらず、発泡などの現象は発生しなくなります。

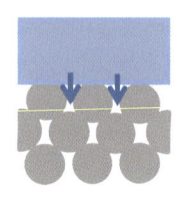
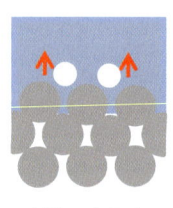
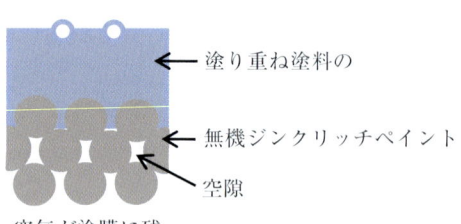

塗り重ね塗料の空隙への浸透　　空隙の空気と塗料が置換　　空気が塗膜に残存し、泡発生

→ 塗り重ね塗料の

→ 無機ジンクリッチペイント

→ 空隙

発泡のメカニズム

Q4-12

Q 塗膜が膨れた場合には、どのように対処すればよいですか？

A 膨れは、塗膜下に水分が入り、水や錆の成長によって塗膜が持ち上げられる現象です。塗装後早期に生じるものと経年の塗膜下腐食の進行に伴う錆膨れがあります。塗装後早期に生じた膨れの場合には、膨れた塗膜をスクレーパやサンドペーパで除去して、同種の塗料で補修塗装を行います。

1. 膨れの現象

膨れは、塗膜下に水分が入り、塗膜が膨張してその一部が素地または下地塗膜から持ち上げられる現象です。膨れには、塗装後比較的早期に生じるものと経年の塗膜下腐食の進行に伴う膨れ（錆膨れ）があります。写真 1 には、塗装後早期に生じた膨れ現象の事例を示します。

写真 1 膨れ[1]

2. 要因

膨れを生じる主な要因は、膨れの発生時期によって異なります。

① 塗装後、比較的早期に生じる膨れ
- ・水分の影響（滞水部や高湿度環境）
- ・塗膜が薬品（酸・アルカリ）や熱などに作用された場合

要因としては、塗装時または塗装後早期に塗膜が降雨など水分影響を受けた場合に生じます。また、使用条件に満たない性能の塗料（塗装系）を選定した場合に生じます。

② 塗膜下での腐食の進行に伴う膨れ（錆膨れ）

塗膜下で腐食が著しく進行すると、塗膜を押し上げることによって膨れのような形態となります。これは、経年などによって塗膜が劣化した箇所や、素地調整が不十分であるのに塗装した箇所などで発生しや

すい傾向にあります。

3. 対処法

それぞれの膨れについての対処法は次の通りです。

①　塗装後、比較的早期に生じる膨れ

膨れの発生した箇所は、放置すると防食性の低下につながるため、補修塗装を行う必要があります。この場合、膨れた塗膜をスクレーパやサンドペーパで除去した後に、同種塗料で再塗装します。

②　塗膜下での腐食の進行に伴う膨れ（錆膨れ）

経年の塗膜劣化による膨れのため、塗替塗装時の対処となります。膨れ下の錆を動力工具等で除去した後に、塗替塗装仕様に準じた塗料を塗装します。

4. 膨れの予防策

膨れを生じないようにするには、以下の方法が考えられます。

①　湿度が高いときの塗装を避ける。

②　完全乾燥していない塗膜上に雨が掛からないように気象条件を考慮する。

③　塗装面の水分や錆を十分に除去してから塗装する。

④　使用条件に適した塗料選定を行う。

［参考文献］
1）社団法人日本鋼構造協会：重防食塗装, pp.137-142, 2012

コーヒーブレイク⑦　　「耐候性の高い塗料を用いた塗装系の防食性」

耐候性の高い塗料を上塗塗料として用いると、紫外線による塗膜の消耗を抑制することができます。重防食塗装など、一定以上の膜厚を確保することで高い防食性を発揮する塗装系の場合には、その防食性を長期間維持することができると言えます。

ただし上塗塗料そのものには、膜厚や材料配合の観点から高い防食性が付与されていません。このため、ボルト類が多く用いられる現場連結部（継手部）や部材のエッジ部などの、所定の塗膜厚を確保しにくい箇所では、耐候性の高い塗料を用いても早期に腐食が進行する場合があります。この傾向は、塗装作業方法が制限されやすい塗替え作業時に多くみられます。したがって、耐候性の高い塗料を用いて長期間の防食性を確保するためには、塗装前の素地調整作業はもちろん、下層となる下塗塗料や中塗塗料を適切に塗装する必要があると言えます。

Q4-13

Q 塗膜が剥がれた場合には、どのように対応すれば よいですか？

A 剥がれは、塗膜の付着性が失われ、素地または塗膜層間から分離する現象です。放置すると防食性の低下につながるため、早期に補修塗装を行う必要があります。この場合、剥離が顕在化していない周辺も付着性の確認を行い補修範囲を決定します。残存した塗膜の次層から補修塗装を行います。

1. 剥がれの要因

剥がれの要因には以下のようなことが考えられます。

① 塗装面への異物の付着

塗装面に油脂、埃、水分、塩分などの付着阻害物質が存在することにより、層間の付着力が低下します。

② 塗装間隔の超過

規定の塗装間隔を超過した場合には、下地塗膜の表面劣化や下地塗膜表面への異物付着などにより層間の付着力が低下します。

③ 多液形塗料の硬化不良

多液形塗料における硬化剤の入れ忘れ、混合比率の間違い、混合不足により、本来の塗膜組成が得られなくなり、環境遮断性が低下します。例えば、水分などが塗膜を透過し、層間に滞留することによって付着力は低下します。

④ 旧塗膜の付着力不足

経年劣化により付着力の低下した旧塗膜に塗替え塗装を行った場合には、素地／旧塗膜の界面や旧塗膜の層間において剥離を生じます。

⑤ 経年による上塗塗膜の消耗

上塗塗膜の消耗により、紫外線が上塗塗膜を透過し下地塗膜表面を劣化して層間の付着力が低下します。

⑥ 層内剥離（無機ジンクリッチペイントの凝集破壊）

無機ジンクリッチペイント調合時の撹拌不足や過膜厚塗装した場合、また次層との塗装間隔が不十分な場合や乾燥条件が低湿度であった場合に、無機ジンクリッチペイントの凝集破壊による層内剥離を生じやすくなります。また、橋面舗装時の高温履歴や飛来塩分の多い架設環境においても剥離を生じやすくなります。

剥がれの事例を**写真1**、**写真2**に示します。

写真 1　中塗／上塗層間の剥離 [1]　　　　写真 2　下塗／中塗層間の剥離 [1]

2.　対処法

　剥がれの発生した箇所は、放置すると防食性の低下につながるため、早期に補修塗装を行う必要があります。この場合には、剥がれが顕在化していない周辺も付着性の確認を行い、補修範囲と補修塗装仕様を決定します。付着性の確認方法としては、碁盤目カットテープ付着試験法 [2] やクロスカットを入れずに付着力の強い布ガムテープによる付着性試験などがあります。

3.　剥がれの予防策

　剥がれが生じないようにするためには、以下の処置を講じる必要があります。

　① 　素地調整は規定のグレードまで実施する。
　　　塗装面に異物の付着した可能性がある場合には、水洗や溶剤拭き等で完全に除去する。
　② 　塗装間隔が規定の期間を超えた場合には、塗装面の目粗しや清掃などの処置を行う。
　③ 　多液形塗料は混合比率を守り、塗装前に均一な状態になるまで十分に撹拌する。
　④ 　塗替え塗装においては、付着力の低下した旧塗膜を完全に除去する。

［参考文献］
1) 社団法人日本鋼構造協会：重防食塗装，p.143, 2012
2) 社団法人日本鋼構造協会：鋼構造物塗膜調査マニュアル JSS IV 03-2006, pp.41-43, 2006

Q4-14

Q 塗料がたれた場合には、どのように対処すればよいですか？

A 塗料のたれ現象は、過剰希釈などにより、塗料が乾燥するまでに下方へ移動して局部的に塗膜厚が不均一になる現象です。外観上の塗膜不良となるため、たれ現象を生じた箇所に対して、工具を用いて平滑に処理したり、場合によっては再塗装する必要があります。

1. たれ現象

　たれ現象とは、垂直面または傾斜面に塗装したとき、乾燥までの間に塗料が下方に移動して局部的に塗膜厚が不均一になる現象であり、流れとも呼ばれます。膜厚が過剰に付きやすいエアレス塗装時のラップ部やボルト周りに生じやすい現象です。

　写真 1 に、たれ現象の事例を示します。

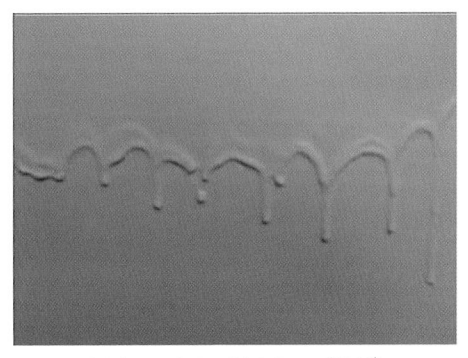

写真 1　たれ（流れ）の事例 [1]

2. 要因

　たれ（流れ）の発生には以下の要因が挙げられます。

- ・過剰膜厚塗装
- ・過剰希釈
- ・低温時の塗装
- ・密閉環境での塗装

3. 対処法

　たれ現象は外観不良となりますが、防食性などの塗膜性能には影響ありません。塗膜のたれ発生部の塗膜表面を手工具などで平滑に処理した後に、上塗塗料の場合には、同一塗料を再塗装して補修します。

4. たれの予防策

　1）ウェット膜厚を確認して過剰膜厚塗装を避ける。

2）過剰な希釈を避ける。

3）塗装環境の通気、換気を行う。

［参考文献］

1）社団法人日本鋼構造協会：重防食塗装．pp.136-139, 2012

コーヒーブレイク⑧　「防汚塗料について」

　防汚塗料は、使用される分野や用途によって求められている性能が異なります。代表的な使用例には、海水部や大気部で適用されるものがあります。海水部に用いられる防汚塗料は、船舶の船底や発電所の海水導入管等に海生生物（フジツボ、セルプラ、カラス貝、アオノリ、アオサなど）の付着を防止する目的で使用されています。生物付着防止用の防汚塗料については、**Q7-4** を参照ください。

　一方、大気部に用いられる防汚塗料は、自動車排気ガス等の汚れから構造物の美観・景観を守るために塗装されています。土木構造物の分野では、適用用途別に土木用防汚材料Ⅰ種、Ⅱ種、Ⅲ種、Ⅳ種の材料が開発されています[1]。

表 1　土木用防汚材料の概要[1]

防汚材料の種別	内容
土木用防汚材料Ⅰ種	自動車排ガスに含まれる汚れ物質や塵埃等の付着による汚れを降雨等で除去できる性能を有し、防汚材料評価促進試験に適合した上塗り材料
土木用防汚材料Ⅱ種	自動車排ガスに含まれる汚れ物質や塵埃等の付着による汚れを清掃作業によって容易に除去できる性能を有し、防汚材料評価促進試験に適合した上塗り材料
土木用防汚材料Ⅲ種	透光板に用い、自動車排ガスに含まれる汚れ物質や塵埃等の付着による汚れを降雨等で除去できる性能を有し、防汚材料評価促進試験に適合した上塗り塗料
土木用防汚材料Ⅳ種	NOx 低減効果を有し、自動車排ガスに含まれる汚れ物質や塵埃等の付着による汚れを自浄性効果により除去できる性能を有し、防汚材料評価促進試験に適合した上塗り塗料

［参考文献］

1）独立行政法人土木研究所：土木研究所資料第 4180 号，土木研究所資料　土木用防汚材料に関する調査報告書—防汚材料の長期防汚性の検証と自浄性を有する防汚材料Ⅳ種の性能評価試験—，2011

Q4-15

Q 塩化ゴム系塗膜の上に塗り重ねる場合、どのような点に留意すればよいですか？

A 塩化ゴム系塗膜に強溶剤形塗料を塗り重ねると、塩化ゴム系塗膜の再溶解やリフティング（ちぢみ）を生じます。一般に、塩化ゴム系塗膜の塗替えには弱溶剤形塗料を適用します。

1. 塩化ゴム系塗膜の特徴

　塩化ゴム系塗料は1液形の塗料であり、溶剤の揮発によって乾燥塗膜を形成します。このため、塩化ゴム系塗膜はミネラルスピリット以外の大半の溶剤に対して再溶解する性質があります。

2. 塩化ゴム系塗膜に強溶剤形塗料を塗り重ねた場合の不具合

　塩化ゴム系塗膜に強溶剤形塗料を塗り重ねると、塩化ゴム系塗膜の再溶解やリフティング（ちぢみ）を生じます。また、経年で塗膜割れや塗膜膨れを生じる場合があります。これらの不具合発生メカニズムを以下に示します。

　①　塗替塗装において、塩化ゴム系塗膜の上に強溶剤形塗料を塗り重ねると、塩化ゴム系塗膜は再溶解し、膨潤します。これにより、塗膜のリフティング（ちぢみ）が発生します。

　②　塗り重ねた強溶剤形塗料中の溶剤は速やかに蒸発されていきますが、同時に硬化反応が始まり乾燥塗膜となります。強溶剤形塗料の塗膜下にある軟化・膨潤された塩化ゴム系塗膜中の溶剤は、蒸発が遅れ、そのまま界面に残存し、軟らかい塗膜のままで強溶剤形塗膜の下に残存します。

　③　さらに、次工程塗料の塗り重ね等で膜厚が厚いほど乾燥が遅れ、軟らかい状態が続きます。塗替塗膜の硬化や継続的な塩化ゴム系塗膜中の溶剤揮発による収縮応力が働き、経年で「塗膜割れ」を発生する場合があります。

写真1　リフティング（ちぢみ）

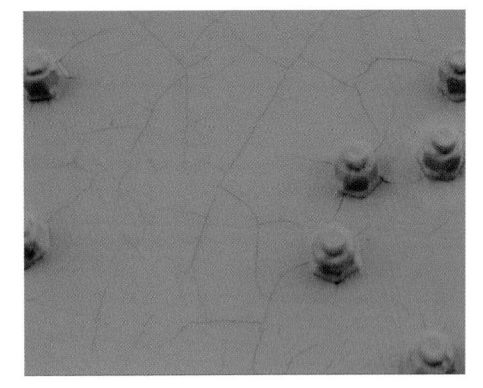

写真2　割れ

3. 塩化ゴム系塗膜に塗り重ねる塗料

　ミネラルスピリットを主溶剤とした弱溶剤形塗料は、塩化ゴム系塗膜を再溶解・膨潤することがありま

せん。このため、塩化ゴム系塗膜の塗替塗装には、弱溶剤形塗料が一般的に適用されています。その他に、水性塗料も塩化ゴム系塗膜の塗替塗装に適用することができます。

4. 塩化ゴム系塗料の現状

　塩化ゴム系塗料は、橋梁や水門などでは既に使用されなくなっていますが、一部、タンクやプラント関係に使用されています。

[参考文献]
1）社団法人日本鋼構造協会：重防食塗装，p.141, 2012

コーヒーブレイク⑨　「塩化ゴム系塗料への強溶剤形塗料の影響と対策」

　塩化ゴム系塗料は、溶剤が揮発することによって塗膜を形成する塗料です。このため、塩化ゴム系塗膜の上に塗り重ねる塗料の溶剤の種類によっては、下の写真に示すように、塗り重ねることでにじみや縮み、剥がれなどの変状が発生します。ミネラルスピリット系の溶剤を主溶剤として使用している塗料（弱溶剤形塗料）は、トルエンやキシレンなどの溶剤と比較して溶解力が低いため、塩化ゴム系塗膜に変状を生じさせにくいとされています。

塩化ゴム塗膜の剥がれ

Q5-01

Q なぜ、塗膜の点検を行わなければならないのですか？

A 長期の耐久性が期待される塗膜も徐々に劣化が進行し、それにともない鋼材の腐食が生じます。このため、構造物の耐久性を維持するため塗替え塗装などを適切に行うための塗膜の点検が必要となります。

1．塗膜の点検

　塗膜劣化の進行は塗装系や構造物の架設環境等により違いがあります。使用環境に適した塗装系を採用し、十分な施工管理下で塗装が行われ、塗膜劣化を促進させる因子が排除できれば、塗膜は長期間十分な耐久性を有しています。しかし、塗膜は、日射、降雨や鋼材の腐食因子である塩分等の作用によって経年での劣化現象は避けられません。腐食環境が厳しくない環境で良好な施工が行われた場合でも劣化は進行し、防食機能の確保のためには塗替え塗装が必要となります。一般に、塗膜の耐久性は構造物に期待される耐久年数よりも短いので、塗膜の劣化状態（錆、膨れ、割れ、剥がれ等の状況）の把握、または、健全性の評価のために塗膜点検が必要です。塗膜が劣化した例を**写真1**[1] に示します。

上塗塗膜の剥離

ジンクリッチペイントの剥離

R加工していない部材端部からの腐食（鋼橋）

製作時受台部の当て傷からの腐食（鋼橋）

写真1　塗膜劣化の例 [1]

２．維持管理と塗膜点検

　社会基盤の一つである道路橋は数多く建設され、現在までに膨大なストックとなっています。そのうち、高度経済成長期に建設され現在も供用されているものが数多く存在します。道路橋の場合には、昭和30年から50年にかけて建設されたものが約26％と多くなっています。建設後50年を経過した橋梁の割合は、現在は約20％ですが、10年後には約44％に急増し、特に橋長 15 m 未満の橋梁は、約半数が建設後50年を経過する[2] と推計されています。図1に、建設年度別橋梁数を示します[2]。

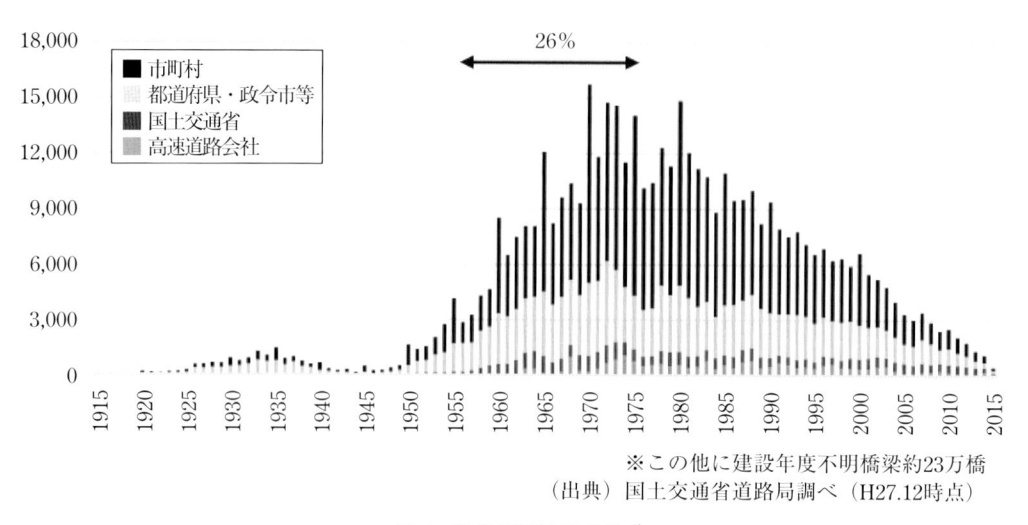

※この他に建設年度不明橋梁約23万橋
（出典）国土交通省道路局調べ（H27.12時点）

図1　建設年度別橋梁数[2]

　今後、建設後 50 年を経過した橋梁の数は急激に増え、劣化損傷が多発する危険性が高まってきています。近年、鋼トラス橋の斜材が腐食などによって破断するなど、重大な損傷に至る事案が相次いで発生し、多くの鋼道路橋で適時に適切な塗替え塗装を行うなどの適切な維持管理がなされていなかった事実が広く認知されること[3] となっています。鋼構造物を長期間にわたり供用するためには、鋼構造物の維持管理を適切に行うことの重要性が再認識されてきています。鋼材の腐食は、鋼構造物の耐久性に重大な影響を与えるので、防食機能を有する塗膜の維持管理を適切に行うことが求められています。塗膜の状態、健全性、劣化程度等を把握し、補修塗装の必要性や時期、補修塗装の計画、維持管理計画等を立案するための情報を得るためにも塗膜点検を行う必要があります。

［参考文献］
1）社団法人日本鋼構造協会：重防食塗装，pp.158-159, 2012
2）国土交通省　道路局：道路メンテナンス年報　平成 28 年 9 月，p.27, 2016
3）一般社団法人日本鋼構造協会：一般塗装系塗膜の重防食塗装系への塗替え塗装マニュアル，pp.1-2, 2014

Q5-02

Q 塗膜には、どの程度の耐久性が期待できるのですか？

A 塗膜の耐久性は、塗装系や使用環境によって異なりますが、重防食塗装系塗膜では、厳しい腐食環境でも概ね 30 年以上の耐久性が期待されています。

1．塗膜の耐久性

　塗膜に期待される性能は、構造物に防食機能や景観機能を付与することです。これら塗膜の機能は長期間にわたり保持されることが望ましいですが、長期供用に伴い徐々に塗膜の劣化がおこり機能の低下が生じます。塗膜の劣化は塗装系の種類や使用される環境によっても異なりますが、塗装系では重防食塗装系が最も機能低下が生じ難く、新設塗装に期待する耐久性（防食性能と耐候性能）は、厳しい腐食環境で 30 年以上である[1] と期待されています。

2．重防食塗装系の耐久性

　重防食塗装系塗膜は、実構造物の調査や 20 年前後経過した暴露試験の結果等から、一般塗装系塗膜に比べて格段に優れる耐久性を持っていることが明らかとなっています。

(1) 防食性

　厳しい腐食環境における実績としては、駿河湾大井川沖の海洋技術総合研究施設における独立行政法人（現国立研究開発法人）土木研究所の研究[2] があります。重防食塗装系は 16 年後の調査で中塗以下の塗膜への塩化物イオンの侵入は見られませんでした。また、無機ジンクリッチペイントの亜鉛粒子の消耗もなく、上塗が健全な間、防食機能はほぼ初期のまま保持されていることが確認されました、継続調査された 20 年後の調査でも、上塗塗膜は引き続きチョーキングしておらず、膨れや錆の発生もないことから、さらに長期に防食性が保持されていると推定されています[3]。

　また、最近の調査では、重防食塗装系が塗装された海洋技術総合研究施設のうち重防食塗装系が塗装された部材は、30 年経過後も錆の発生はなく健全な状態が保たれていることが確認されています。30 年経過した海洋技術総合研究施設の状態を**写真 1** に示します。

(2) 耐候性

　海洋技術総合研究施設（駿河湾）における暴露試験 20 年での、ふっ素樹脂塗料、フタル酸樹脂塗料の光沢保持率（色相グリーン）の評価では、ふっ素樹脂塗料上塗塗膜の光沢保持率はフタル酸樹脂塗料よりも良好な結果となっています。また、10 年後のふっ素樹脂塗膜の塗膜消耗量から、光沢低下の見られない誘導期間を 7 年とし、その消耗速度を $0.33 \sim 0.43$ μm/ 年として算出されています。この結果から、上塗塗膜が消失するまでの期間は約 45 年と試算されます[3]。

エポキシガラスフレーク仕様が塗装された部材　　　重防食塗装系が塗装された部材

写真1　30年経過した海洋技術総合研究施設の状態

3．重防食塗装系の実構造物の調査結果

　重防食塗装系塗膜は、表2に示すように厳しい腐食環境でも30年以上の長期耐用年数が期待されています。

表2　重防食塗装系の暴露試験／実構造物での耐久性調査結果[3]

場所	暴露期間	上塗[*1]	耐久性の調査結果	腐食環境区分[*2]
海洋技術総合研究施設 （駿河湾大井川沖）	1985 ～ 2005 年	U，F	20年の耐久性が確認された。さらに長期の耐久性が期待される。	厳しい腐食環境
沖縄暴露試験	1990 ～ 2010 年	U，F	15年以上の耐久性が確認されている。	
つくば暴露試験	1990 ～ 2010 年	U，F	20年の耐久性が確認された、さらに長期の耐久性が期待される	一般腐食環境
広島暴露試験	1987 ～ 2007 年	U，F		
新両国橋	1974 ～ 1999 年	U	25年以上の耐久性を確認し、塗替え実施	厳しい腐食環境
因島大橋	1983 ～ 2004 年	U	20年程度の耐久性を確認し、中・上塗の全面塗替塗装を実施	
大鳴門橋	1985 ～ 2004 年	U		
瀬戸大橋	1988 ～ 2010 年	U	20年以上の耐久性が確認された	
生月大橋	1991 ～ 2010 年	F		

*1　F：ふっ素樹脂塗料、U：ポリウレタン樹脂塗料
*2　腐食環境区分は、腐食速度の大きい海浜部（または海岸部）を厳しい腐食環境、その他の田園部、山間部、都市部を一般腐食環境に分類

［参考文献］
1）一般社団法人日本鋼構造協会：重防食塗装，p.33, 2012
2）独立行政法人土木研究所，財団法人土木研究センター：共同研究報告書整理番号354号，海洋鋼構造物の耐久性向上技術に関する共同研究報告書（海上大気部の長期防錆塗装技術に関する研究第3分科会）−海洋暴露20年の総括報告書−，p.24, 2007
3）一般社団法人日本鋼構造協会：重防食塗装，pp.43-44, 2012

Q5-03

Q 塗膜はどのように劣化するのですか？

A 塗膜は、紫外線や水分、鋼材の腐食因子である塩分やNO_x, SO_x などの影響により経時で劣化が生じます。塗膜の劣化形態や劣化の進行度合いは、塗装系によって大きく異なります。

1. 一般塗装系塗膜の劣化

　一般塗装系は、下塗塗料の顔料と樹脂との反応物による腐食因子の遮断効果や、さび止め塗料などから水分で溶解したアルカリ性物質が鋼素地界面をアルカリ性に保持することにより防食性能を示します。腐食因子である酸素や水、腐食促進因子の塩化物イオンを一般塗装系塗膜は比較的透過しやすく、これらの浸透が腐食の要因となります。また、一般塗装系の上塗塗膜は耐候性に劣るため時間と共に塗膜が消耗して、腐食因子の遮断効果が低下してきます。これら作用により、塗膜下では鋼材の腐食が進行します。腐食生成物が増大して塗膜が破られると腐食の進行は加速されます。一般塗装系塗膜は塗膜強度が弱いため損傷部分に点錆が発生し、その後、錆は鋼材の横方向や深さ方向に進行し、錆発生面積が拡大するとともに鋼材の板厚減少が生じます[1]。一般塗装系における塗膜劣化の例を**写真1**に示します。

(a) 腹板に点錆が発生している状態
　（膜厚不足となり易い添接部のボルト頭にも錆が
　見られる）

(b) 下フランジ下面に錆が進行状態

写真1　一般塗装系における塗膜劣化の例[1]

2. 重防食塗装系塗膜の劣化

　重防食塗装系は、防食下地のジンクリッチペイントの効果により鋼材の腐食を防ぎ、水や酸素の腐食因子や塩化物イオンなどの腐食促進因子の透過をエポキシ樹脂塗料下塗塗膜が抑制します。エポキシ樹脂塗

料は耐候性に劣り、紫外線等により塗膜が消耗して環境遮断機能が低下するため耐候性に優れた、ふっ素樹脂塗料上塗等の塗膜で保護することが必要です。耐候性に優れた上塗塗膜も、長期にわたって紫外線や水分等の作用を受けると、徐々に樹脂や顔料が劣化分解し、塗膜表面の光沢が低下し、白亜化が生じて塗膜が消耗していきます。塗膜中の樹脂、顔料は、紫外線の光エネルギーにより切断され分解劣化します。また、水による加水分解や酸素による酸化などでも劣化します。重防食塗装系での上塗塗膜の消耗の例を**写真2**に示します。

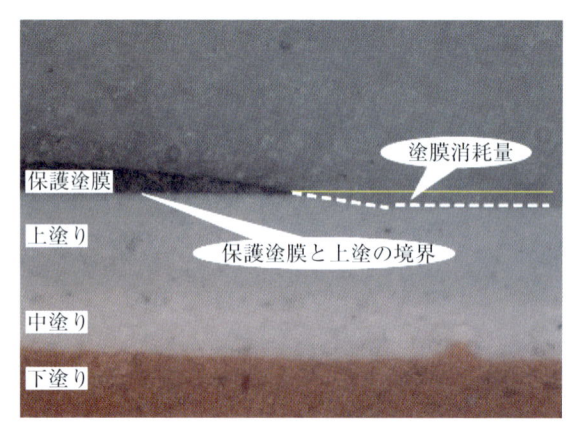

写真2 塗膜厚の消耗状況（上塗塗膜の消耗）[2]

3．塗膜の消耗速度

塗膜は、紫外線や水分の影響により塗膜表面より劣化（消耗）していきます。消耗速度は、塗料の種類により異なります。耐候性が優れるとされる、ふっ素樹脂塗料の場合には、0.33 ～ 0.43 µm/ 年と報告されている例もあります[3]。各種塗料の海浜暴露における衰耗速度を**表1**に示します。

表1 各種塗料の海浜暴露における衰耗速度[4]

		年平均衰耗率（µm/ 年）	
		JWTC	御前崎
上塗塗料	エポキシエナメル	10.1 ± 1.5	10.8 ± 1.6
	ビニルエナメル	2.0	2.4 ± 0.8
	ウレタンエナメル	有効データなし	2.7 ± 1.4
	塩化ゴム系上塗	2.3 ± 1.2	2.3 ± 0.6
	長油性アルキッド上塗	4.8 ± 0.5	5.2 ± 0.8

JWTC：日本ウエザリングテストセンター宮古島暴露試験場
御前崎：日本塗料検査協会暴露場

［参考文献］
1) 一般社団法人日本鋼構造協会：一般塗装系塗膜の重防食塗装系への塗替え塗装マニュアル，p.97, 2014
2) 長谷川芳己，小林克己，長尾幸雄，山口和範：長大橋における長期防錆型塗装系の採用による LCC の低減，土木技術資料，Vol.48, No.11, 2006
3) 一般社団法人日本鋼構造協会：重防食塗装，p.145, 2012
4) 社団法人日本塗料工業会：重防食塗料ガイドブック第4版，p.169, 2013

Q5-04

Q　塗膜調査にはどのような種類がありますか？

A　塗膜調査の種類には、初期調査、定期調査、異常時調査、定点調査があります。

1．塗膜点検の種類

　塗膜点検には、構造物の維持管理のために行う点検と、耐久性評価や塗膜異常の原因究明のために行う点検があります。塗膜点検は目的によって点検内容は異なりますが、点検結果は塗膜状態を判断するための資料となります。表1に、塗膜調査の目的と調査時期[1]の例を示します。構造物によっては点検の要領が決められているものもあり、道路橋等では、点検は、近接目視により、5年に1回の頻度で行うことを基本とすること[2]とされています。鉄道橋では、2年に1度行うことを原則としています。

表1　塗膜点検・調査の内容と時期[1]

点検・調査の種類	内容	時期
初期調査	現場組み立て、架設時の塗膜損傷や施工不良・品質不良に起因する初期欠陥の有無、及び維持管理のための初期値を測定する。	供用・稼働後2年以内
定期調査	防食機能，景観機能の劣化の進行状態から塗膜の環境適合性の判断と塗替え塗装計画のためのデータ収集を行う。	初期調査後5年毎*
異常時調査	塗膜の早期劣化の原因究明のための調査、及び自然災害などによる塗膜劣化、損傷程度の調査を行う。	異常発生時
定点調査	塗膜の劣化メカニズムの解明や耐久性評価に関するデータ収集のために同一箇所で詳細調査を行う。	必要に応じて

＊定期点検等で塗膜に不具合が見つかり経過観察が必要な場合などは、5年より短い間隔で点検する。

2．塗膜点検の方法

　維持管理のために行う定期調査では、目視により塗膜外観を観察し、塗膜の状態を標準写真等と対比して数段階で評価することが一般的です。表2に、塗膜の防食性に対する評価内容の一例を示します。塗膜調査では、塗膜の異常や変状を早期に発見することや、構造物全体の塗膜変状の評価、塗替え塗装の時期の判断の参考となるよう調査を行うことが重要です。また調査時の塗膜の劣化度は、定量的に評価することが必要であり、評価基準や見本などがまとめられている「鋼構造物塗膜調査マニュアル」[1]などが参考になります。

表2 塗膜の防食性に対する評価内容の一例 [3]

評価点	防食内容
0	錆，剥がれ認められず，健全な状態
1	錆，剥がれがわずかに認められるが，防食機能を維持している状態
2	錆，剥がれが顕在化し，一部防食機能が損なわれている状態
3	錆，剥がれが進行し，防食機能が失われている状態

3. 塗膜調査結果の活用

　鋼構造物の塗膜調査では、構造物の管理者が定めた調査要領等により実施し、塗替え塗装の判定を行っている場合もあります。鋼橋を対象とした塗膜調査では、公益財団法人鉄道総合技術研究所の「鋼構造物塗装設計施工指針（2013年12月）」[4] や、本州四国連絡高速道路株式会社の「保全管理要領　一般橋梁維持修繕編」[5] に調査方法や判定法が記されています。

　例えば、本州四国連絡高速道路株式会社では、陸上部の一般橋梁の塗替え塗装の判定を、錆，はがれの特定要因、及び総合評価によって行っています。総合評価では、剥がれ，ひび割れ，白亜化，環境条件の合計評価点の平均点を算出し、表3に示す塗替え塗装判定表を目安に塗替えの可否及び塗替え時期を決定しています [6]。

表3 塗替え塗装判定表 [6]

合計評点の平均値（点）	塗膜の状況	総合評価	塗替えの判断
70 以上	塗装面に錆、ひび割れ、剥がれが発生し、塗膜効果が失効している	I	緊急な塗替えが必要（全面塗替え）
40 〜 70 未満	点錆が多く発生し、ひび割れ、錆、剥がれが部分的に発生するが、一部活膜も残っている	II	早急な塗替えが必要（全面塗替え）
20 〜 40 未満	塗膜にはほとんど錆はないが、光沢減退、チョーキングが著しく、上塗塗膜が消失している部分もある	III	適時な塗替え計画が必要（塗替方法を検討）
20 未満	塗膜にはほとんど異常がない	IV	点検・調査を継続（局部塗替を検討）

[参考文献]

1) 一般社団法人日本鋼構造協会：鋼構造物塗膜調査マニュアル，p.4, 2017
2) 道路法施行規則（平成26年3月31日公布、7月1日施行）（抄）
3) 一般社団法人日本鋼構造協会：一般塗装系塗膜の重防食塗装系への塗替え塗装マニュアル，p. 付4, 2014
4) 公益財団法人鉄道総合技術研究所：鋼構造物塗装設計施工指針，p.III-1, 2013
5) 本州四国連絡高速道路株式会社：保全管理要領　一般橋梁維持修繕編，p.17, 2012
6) 一般社団法人日本鋼構造協会：一般塗装系塗膜の重防食塗装系への塗替え塗装マニュアル，p. 付10, 2014

Q6-01

Q 鋼道路橋、鋼鉄道橋の塗膜の維持管理はどのようなものに基づいていますか？

A 構造物の管理事業者が規定するマニュアル類によって維持管理されています。また、これらのマニュアル類が参考としている便覧、指針等の書籍もあり、各種の公的団体等から発刊されています。

(1) 鋼道路橋、鋼鉄道橋の塗膜の維持管理方法について

鋼橋やコンクリート橋、トンネルなどの構造物は、これらを管理する事業者が規定するマニュアル類（要領や基準、仕様書など）に基づいて維持管理されています（詳細は Q2-08 参照）。

一般に入手可能な技術マニュアルとしては、鋼道路橋については「鋼道路橋防食便覧（公益社団法人日本道路協会）」、鋼鉄道橋については「鋼構造物塗装設計施工指針（公益財団法人鉄道総合技術研究所）」などがあります。

(2) 鋼道路橋、鋼鉄道橋の塗膜の維持管理の違いについて

鋼道路橋と鋼鉄道橋は、いずれも人や車両が交通路上の交差物を乗り越えるための構造物であり、その要求性能（鋼鉄道橋の場合には、安全性、使用性、復旧性が定められています[1]）は大きく変わりません。これは、防食の塗装についても同様であり、基本的な維持管理の項目はほとんど同じです。具体的な項目は次の通りです。

・塗膜の点検・調査
・塗替え時の施工・管理
・塗料、塗装仕様の種類

鋼鉄道橋は、鋼道路橋と比べて架設年代が古いものが多く、経年した鋼橋が多く存在します。また、塗膜表面を汚染するなどして鋼橋の景観性を損ねる因子が鋼鉄道橋と鋼道路橋では異なります（鋼鉄道橋…レールや架線からの金属粉、ばい煙など、鋼道路橋…排気ガスなど）。このような違いから、塗膜の調査周期や検査方法、さらには使用する塗料の種類や塗装仕様などが異なります。例えば、鋼道路橋では5年毎で定期調査が行われるのが一般的ですが[2]、鋼鉄道橋では2年毎に定期的な調査を行うことを基本としています[1]。

［参考文献］
1) 財団法人鉄道総合技術研究所：鉄道構造物等維持管理標準・同解説（構造物編）鋼・合成構造物, pp.9-10, 2007
2) 社団法人日本鋼構造協会：重防食塗装, p.157, 2012

コーヒーブレイク⑩　「素地調整に関する用語の違い」

　素地調整の種別は、使用する工具・機器や、鋼材を露出する程度や錆の除去程度などによって分類されますが、分野によっては、素地調整の分類も異なります。ここでは代表的な素地調整の分類として、道路橋を対象とする「鋼道路橋防食便覧」と、鉄道橋を対象とする「鋼構造物塗装設計施工指針」に記載される素地調整の種別を以下に示します。

「鋼道路橋・防食便覧」に記載される素地調整の種別

素地調整程度		錆面積	塗膜異常面積	作業内容	作業方法
1種		—	—	錆、旧塗膜を完全に除去し、鋼材面を露出させる。	ブラスト
2種		30％以上	—	旧塗膜、錆を除去し鋼材面を露出させる。ただし、錆面積30％以下で、旧塗膜に塩化ゴム系塗膜が存在する場合には、ジンクリッチペイント以外の旧塗膜を完全に除去する。	動力工具と手工具の併用
3種	A	15〜30％	30％以上	活膜は残すが、それ以外の不良部（錆、割れ、ふくれ）は除去する。	
	B	5〜15％	15〜30％		
	C	5％以下	5〜15％		
4種		—	5％以下	粉化物、汚れなどを除去する。	

「鋼構造物塗装設計施工指針」に記載される素地調整の種別

種別	錆面積	補修面積率（目安）	施工法	塗膜の素地調整程度	錆部の素地調整程度
替ケレン−1	約11％	70％以上	手工具と動力工具との併用、またはブラストの併用	活膜は殆ど残らず、鋼素地を全面に露出させる。	除錆度−3以上 ブラストを適用する場合、一般環境では除錆度−2以上、腐食性環境では除錆度−1以上
替ケレン−2	約1％	30〜50％	手工具と動力工具との併用、または部分ブラストの併用	活膜を残す。素地に達する塗膜割れ部では鋼素地を露出させ、素地に達しない変状（割れ、剥がれ、膨れ）については異状を生じた塗膜部分を除去する。	
替ケレン−3	約0.4％	15〜25％			
替ケレン−4	約0.04％	5％以下	手工具を主体とし、動力工具を併用	粉化物、汚れを除去する。塗膜の変状箇所については、同上とする。	除錆度−3以上 ※錆部はほぼ無い

注：除錆度−1…ブラスト処理により、ISO 8501-1 の B Sa 2 1/2 以上、除錆度−2…ブラスト処理により、ISO 8501-1 の B Sa 2 と同程度、除錆度−3…動力工具と手工具の併用により、ISO 8501-1 の C St 3 以上

Q6-02

Q 鋼道路橋、鋼鉄道橋で用いられる塗装系にはどのような種類がありますか？

A 重防食塗装系及び一般塗装系の双方とも使用されます。管理事業者によってその仕様は若干異なることがあります。また、桁端部や鉄道橋のまくらぎ下などの高い防食性が求められる部位では、超厚膜型の塗料を用いた塗装系が適用されることがあります。

　鋼橋では、架設環境や維持管理方法などを考慮して、適切と考えられる塗装系が適用されます。この考え方は鋼道路橋と鋼鉄道橋のどちらにも共通します。このため、適用される塗装系は重防食塗装系だけでなく一般塗装系も含まれます。

　適用する塗装仕様は、構造物を管理する事業者が規定する仕様書、要領等に基づきます。このため、使用する塗料の種類や塗装工程は、事業者によって若干異なります。その一例として、鋼道路橋と鋼鉄道橋で使用される主な塗装系について、「鋼道路橋防食便覧（公益社団法人日本道路協会）」と「鋼構造物塗装設計施工指針（公益財団法人鉄道総合技術研究所）」に記載される塗替え塗装系の一部を表1、表2に示します[1), 2)]。

表1 「鋼道路橋防食便覧」に記載される塗替え塗装系の一例[1)]

塗装系名称	1層目	2層目	3層目	4層目	5層目
Rc-I 塗装系	有機ジンクリッチペイント	弱溶剤形変性エポキシ樹脂塗料下塗	弱溶剤形変性エポキシ樹脂塗料下塗	弱溶剤形ふっ素樹脂塗料用中塗	弱溶剤形ふっ素樹脂塗料上塗
Rc-III 塗装系	弱溶剤形変性エポキシ樹脂塗料下塗	弱溶剤形変性エポキシ樹脂塗料下塗	弱溶剤形変性エポキシ樹脂塗料下塗	弱溶剤形ふっ素樹脂塗料用中塗	弱溶剤形ふっ素樹脂塗料上塗
Rc-IV 塗装系	弱溶剤形変性エポキシ樹脂塗料下塗	弱溶剤形ふっ素樹脂塗料用中塗	弱溶剤形ふっ素樹脂塗料上塗		

注：表中の記載は、文献1) の内容を抜粋したものです。

表2 「鋼構造物塗装設計施工指針」に記載される塗替え塗装系の一例[2)]

塗装系名称	1層目	2層目	3層目	4層目	5層目
塗装系 L	厚膜型エポキシ樹脂ジンクリッチペイント	厚膜型変性エポキシ樹脂系塗料	厚膜型変性エポキシ樹脂系塗料	厚膜型変性エポキシ樹脂系塗料	厚膜型ポリウレタン樹脂塗料上塗
塗装系 T	厚膜型変性エポキシ樹脂系塗料	厚膜型変性エポキシ樹脂系塗料	厚膜型変性エポキシ樹脂系塗料	厚膜型ポリウレタン樹脂塗料上塗	
塗装系 BMU2	厚膜型変性エポキシ樹脂系塗料	長油性フタル酸樹脂塗料中塗	長油性フタル酸樹脂塗料上塗		

注：表中の記載は、文献2) の内容を抜粋したものです。

　鋼鉄道橋における特有の塗装仕様として、鋼鉄道橋では鋼部材とレール下に敷設されているまくらぎが直接接触する構造形式があります（**図 1**）。この場合には接触面に防食性以外の耐久性（耐衝撃性や耐摩耗性など）が求められることから、超厚膜型のガラスフレーク塗料を用いた塗装仕様を適用することが規定されています[4]。当該の塗装系を**表 3** に示します。

図 1　まくらぎが直接接触する構造形式の一例[3]

表 3　ガラスフレーク塗料を用いた塗装系[4]

工程	塗料名	標準使用量（g/m²）	塗装間隔（20℃）
第 1 層	専用プライマー（塗料製造会社の指定材料）	注	注
第 2 層	ガラスフレーク塗料	はけ　1 050	24 時間～ 7 日
第 3 層	ガラスフレーク塗料	はけ　1 050	

注：標準使用量と塗装間隔は塗料製造会社の指定値になります。

［参考文献］
1) 公益社団法人日本道路協会：鋼道路橋防食便覧．pp.II-118-119, 2014
2) 公益財団法人鉄道総合技術研究所：鋼構造物塗装設計施工指針．pp.III-16-17, 2013
3) 社団法人日本橋梁建設協会：日本の橋．p.107, 1994
4) 公益財団法人鉄道総合技術研究所：鋼構造物塗装設計施工指針．p.III-22, 2013

Q6-03

Q 海洋鋼構造物で用いられる塗装系にはどのような種類がありますか？

A 海洋鋼構造物は、厳しい腐食環境に設置され、補修も容易に行えないため、ジンクリッチ系塗料と環境遮断性に優れた塗料などを塗り重ねた耐久性に優れた塗装系や超厚膜形被覆等があります。

1．海洋鋼構造物に適用される塗装系

　海洋鋼構造物では、塩分の影響を受ける厳しい腐食環境で長期間の使用を求められるため耐久性に優れた塗装系が採用されています。「港湾鋼構造物　防食・補修マニュアル（2009 年版）」では、適用実績、実暴露試験実績や海外の規格・実績などから、海洋厚膜エポキシ塗装系と海洋エポキシガラスフレーク塗装系などの海洋塗装系が提案されています。海洋厚膜エポキシ塗装系は、防食下地として鋼材との付着性と防食性に優れた厚膜形エポキシジンクリッチペイントを用い、その上に環境遮断性に優れた厚膜形エポキシ樹脂系塗料を被覆した塗装系です。海洋エポキシガラスフレーク塗装系は、ジンクリッチプライマーとエポキシ樹脂系ガラスフレーク含有塗料で構成された塗装系であり、電気抵抗値が高くガラスフレークによる環境遮断効果に優れています。海洋厚膜エポキシ塗装系、海洋エポキシガラスフレーク塗装系の一例を**表 1**、**表 2**に示します。

表 1　海洋厚膜エポキシ塗装系の例[1]

仕様[1]／項目		塗料・処理	標準仕様膜厚(μm)	
			標準仕様 IM-A	大気中景観仕様 CM-A
素地調整[2]		ブラスト処理：ISO Sa2 $^1/_2$ 以上 動力工具処理：SSPC SP-11	－	－
塗装[4]	防食下地[3]	厚膜形有機ジンクリッチペイント	75	75
	防食樹脂塗料	厚膜形エポキシ樹脂塗料 （1〜2 回塗装）	480	200
	耐候性[5] 中塗	ポリウレタン樹脂塗料用中塗	－	30
	上塗	ポリウレタン樹脂塗料上塗	－	25
総膜厚			555	330

※1：本仕様は，一般部・溶接部だけではなく，ブラスト処理困難な箇所や特殊部材などにも適用できる．

※2：素地調整として，やむを得ず動力工具処理の ISO St3 を適用する場合は，増し塗りを必要とする．

※3：防食下地としては，無機ジンクリッチペイントも適用できるが，素地調整はブラスト処理に限定される．この場合，防食樹脂塗料塗装の前の工程としてミストコート塗装工程が必要となる．

※4：塗装は，スプレー塗装を原則とするが，はけ塗りやローラー塗りも適用できる．

※5：耐候性塗装には，ふっ素樹脂塗料も適用できる．

表2 海洋エポキシガラスフレーク塗装系の例[1]

項目 \ 仕様[※1]		塗料・処理	標準仕様膜厚(μm)	
			標準仕様 IM-B	大気中景観仕様 CM-B
素地調整[※2]		ブラスト処理：ISO Sa2$\frac{1}{2}$以上 動力工具処理：SSPC SP-11	—	—
塗装[※3]	プライマー	有機ジンクリッチプライマー	20	20
	防食樹脂塗料	エポキシ樹脂系ガラスフレーク含有塗料（2～3回塗装）	800	500
	耐候性[※4] 中塗	ポリウレタン樹脂塗料用中塗	—	30
	上塗	ポリウレタン樹脂塗料上塗	—	25
総膜厚			820	575

※1：本仕様は，一般部・溶接部だけではなく，ブラスト処理困難な箇所や特殊部材などにも適用できる．

※2：素地調整として，やむを得ず動力工具処理の ISO St3 を適用する場合は，増し塗りを必要とする．

※3：塗装は，スプレー塗装を原則とするが，はけ塗りやローラー塗りも適用できる．

※4：耐候性塗装には，ふっ素樹脂塗料も適用できる．

2．海洋鋼構造物に適用される超厚膜形被覆

　海洋鋼構造物のうち港湾構造物の鋼管杭等では、液状の被覆材を被覆する超厚膜形被覆が用いられています。超厚膜形被覆は、1～3 mm の厚さを少ない塗り回数で確保でき、耐久性のある被覆を形成することができます。超厚膜形被覆には、超厚膜形エポキシ樹脂系被覆と超厚膜形ポリウレタン樹脂系被覆等があり、特殊な塗装機を使用し工場で施工され、大型構造物にも適用されています。

3．その他の材料

　海洋鋼構造物の補修には、水中での施工が可能な水中硬化形エポキシ樹脂系塗料などの水中硬化形被覆も用いられています。水中硬化形被覆には、パテ状のものを粘土細工の要領にて手で圧着して 5 mm 程度の膜厚に施工するパテタイプと、流動性のある材料をゴム製ヘラなどを使って 1 mm 程度の膜厚に施工するペイントタイプがあります。パテタイプ、ペイントタイプともに、複雑な形状にも容易に被覆施工できます。ペイントタイプは、パテタイプに比べて膜厚は薄いですが、環境遮断効果が高く、パテタイプと同様な長期防食性を有しています[2]。

［参考文献］
1）財団法人沿岸技術研究センター：港湾鋼構造物防食・補修マニュアル（2009 年版），pp.113-114, 2009
2）財団法人沿岸技術研究センター：港湾鋼構造物防食・補修マニュアル（2009 年版），p.141, 2009

Q6-04

Q 海生生物が付着しないようにする防汚塗料には、どのようなものがありますか？

A 生物付着防止対策には、防汚塗料を塗装して生物の付着を防止する方法が一般的です。防汚塗料には、亜酸化銅などを含有した塗料や、防汚剤を含まないシリコーン樹脂系塗料等があります。

1．防汚塗料

　海水中の構造物や船舶の船底などでは、海中に生息する多種類の動植物（フジツボ、セルプラ、カラス貝、ホヤ・フサコケムシ、アオノリ、アオサなど）の付着を防止する目的で防汚塗料が塗装されています。防汚塗料には、海生生物の付着を防ぐために防汚剤を用いた塗料や、防汚剤を使わず塗膜物性によって生物の付着を防止する塗料等の種類があります。

1）防汚剤依存型

　防汚剤を含む防汚塗料は、塗膜を海水に浸した時に防汚剤が海水中に溶け出し、塗膜面のごく近傍に高濃度の薬物溶液層ができ、その濃度が汚損生物の臨海防汚濃度以上を維持されているとき、塗膜に防汚性が得られます[1]。防汚剤には、亜酸化銅などの無機防汚剤やピリチオン類などの有機防汚剤が使用されます。また、防汚剤の溶出機構は、防汚剤の海水中に溶解する機構の違いにより、非研磨型と自己研磨型に分けられます。

2）防汚剤非依存型

　無機防汚剤や有機防汚剤等を一切使用せず、塗膜表面と付着物との表面張力の差を利用して海生生物の付着を防ぎ、また付着しても容易に除去できる機能をもち、無公害で海洋環境をクリーンに保つ[1]特徴があります。

2．電力設備への防汚塗料の適用

　火力発電所などでは、復水器の冷却用水として多量の海水を使用しており、海水導入管内面に海生生物が付着繁殖すると、水路の断面減少と表面粗さの増大により、海水の流量が減少し冷却効率が低下するなどの問題が生じるため海水導入管内面に防汚塗料が塗装されます。海水導入管には、防汚剤として船舶塗料等に用いられる亜酸化銅などを用いた自己研磨水和分解型／崩壊型防汚塗料と、防汚剤を使わず塗膜物性によって生物の付着を防止するシリコーン樹脂防汚塗料等があります[2]。新設時の塗装仕様例を**表1**、**2**に示します。また、循環水管内部にシリコーン樹脂防汚塗料を塗装した部位と、防汚塗料の非塗装部の海生生物付着状況について**写真1**に示します。

表1　シリコーン樹脂防汚塗料の塗装仕様例[2]

施工場所	塗装工程	塗料名	塗装回数 (回)	標準塗付量 (g/m²/回)	塗装方法	標準膜厚 (μm)	塗装間隔 (20℃)
現場	素地調整	ブラスト処理　ISO Sa 2 ¹/₂					4H 以内
	プライマー	有機ジンクリッチプライマー	1	170	スプレー	20	
	下塗り	エポキシ樹脂塗料下塗（水中部用）	2	850	スプレー	500	16H～60D
	上塗り	シリコーン樹脂防汚塗料	1～2	250	スプレー	150～300	18H～7D
							5H～

＊　目標膜厚、標準塗付量、塗装間隔および注水までの時間はメーカーにより異なる。

表2　自己研磨水和分解型／崩壊型防汚塗料の塗装仕様例[2]

施工場所	塗装工程	塗料名	塗装回数 (回)	標準塗付量 (g/m²/回)	塗装方法	標準膜厚 (μm)	塗装間隔 (20℃)
現場	素地調整	ブラスト処理　ISO Sa 2 ¹/₂					4H 以内
	プライマー	有機ジンクリッチプライマー	1	170	スプレー	20	
	下塗り	エポキシ樹脂塗料下塗（水中部用）	2	850	スプレー	500	16H～60D
	中塗り	変性ビニル系防食塗料	1	220	スプレー	40	14H～5D
	上塗り	自己研摩水和分解型/崩壊型防汚塗料：亜酸化銅含有タイプ	3	670	スプレー	330	9H～7D
							5H～

＊　目標膜厚、標準塗付量、塗装間隔および注水までの時間はメーカーにより異なる。

――防汚塗料塗装箇所

――防汚塗料非塗装箇所

写真1　発電所循環水管内部（塗装後3年経過）

［参考文献］
1）社団法人日本塗料工業会：重防食塗料ガイドブック 第4版．p.72, 2013
2）社団法人日本塗料工業会：重防食塗料ガイドブック 第4版．pp,113-114, 2013

Q6-05

Q 送電鉄塔の塗装系にはどのようなものがありますか？

A 送電鉄塔の塗装系は電力各社で定めており、溶融亜鉛めっき層を下地として防食性を担保する変性エポキシ樹脂系の下塗塗料、耐候性を担保する各種上塗塗料が一般的に用いられています。

1．送電鉄塔

　送電鉄塔は鋼管や山型鋼の部材をボルト締結により現場で組上げたトラス構造物です。図1に示す四角鉄塔が一般的です[1]。

　山形鋼を部材に用いた鉄塔は、製作費が安価ですが大型化した場合には部材点数の増加や強度制約の問題がでてきます。大型鉄塔や強風害地域の鉄塔では部材に鋼管が用いられています。

2．送電鉄塔の塗装系

　① 下地処理

　送電鉄塔の部材は、防錆のため溶融亜鉛めっきを施され、無塗装のまま鉄塔の組立に使用されます。鉄塔が経年して部材のめっき層が劣化してから初めて、防錆性能の低下を補うために現場塗装による対応を行います。

　塗装前の下地処理として、残存めっき層の損傷を抑えるために手工具で浮き錆を除去する4種ケレン（清掃ケレン）や電動工具を使用する3種ケレンが施されます[2]。

　② 塗膜構成

　送電鉄塔向けの塗装仕様は電力会社毎に決められています。一般的な塗膜構成は、図2に示すような防食性能に優れた下塗と耐候性に優れた上塗の構成です[2,3]。下塗塗料には亜鉛めっきとの密着性と防食性に優れる変性エポキシ樹脂系塗料、上塗塗料には耐候性に優れるポリウレタン樹脂系塗料やふっ素樹脂系塗料が主として用いられています[3,5]。

　③ 色調

　送電鉄塔は多様な景観との調和性や高さに応じて表1に示すように上塗塗料の色調が要求されます。航空法の規制に該当する 60 m 以上の鉄塔には昼間障害標識の塗色が施されます。

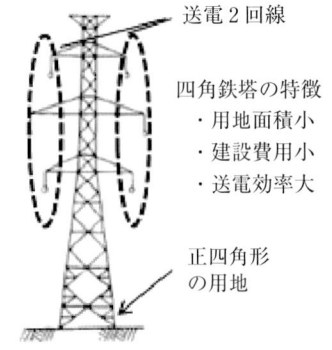

送電2回線

四角鉄塔の特徴
・用地面積小
・建設費用小
・送電効率大

正四角形の用地

図1　一般的な送電鉄塔（四角鉄塔）

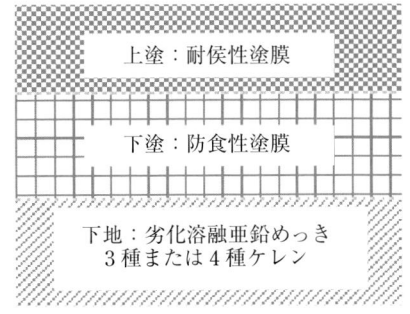

上塗：耐候性塗膜

下塗：防食性塗膜

下地：劣化溶融亜鉛めっき
3種または4種ケレン

図2　一般的な送電鉄塔の塗膜構成

表1　送電鉄塔の色調

設置環境と適用鉄塔	上塗の色	理由
一般的な環境	無彩色（灰色）	・多様な景観と比較的調和性が良好
自然景観が重視される環境	環境調和色（自治体で指定）	・暗緑色：樹林との調和性 ・暗茶色：山稜と調和性
60 m 以上の送電鉄塔	赤色／黄赤と白色	・航空法の規制（昼間障害標識の塗色）

3．送電鉄塔用塗料に求められる性能

　送電鉄塔用の塗膜には基本的に鋼道路橋と同様に、下塗には防食性能、上塗には耐候性が求められます。最近では評価技術を含めた耐候性向上の検討が行われています[6]。送電鉄塔特有の要求性能としては公共の場所で、風の強い高所で塗装を行うことから、飛散しにくいことも重要です。鉄塔の塗装では部材を足場としても使用することから、塗装後の硬化乾燥性として塗装後の歩行性が求められます。塗装期間が送電停止時間で限定されることから工期短縮も必須で、工程省略を目的とした上下兼用塗料が報告されています[7]。下塗は、下地の亜鉛めっきとの密着性に加えて、中塗を使用しない場合も多いことから上塗との密着性も重要です。

4．送電鉄塔用塗料における環境対応

　塗料の溶剤として使用されるトルエンやキシレンなどのVOC（Volatile Organic Compounds：揮発性有機化合物）は浮遊粒子状物質及び光化学オキシダントの原因とされています。VOC 低減塗料を送電鉄塔に適用して従来比較で20〜26％の VOC を低減した事例が東京都環境局により公開されています（**写真1**）。

写真1　弱溶剤型 VOC 低減塗料の適用例（東亀有線 No.5 鉄塔，2006 年塗替塗装，VOC 削減率 26％）

［参考文献］
1）本郷栄次郎：日本電気学会誌，Vol.118, No.5, p.290, 1998
2）日本鋼構造協会：「重防食塗装」，技報堂出版，p.79, 2012
3）電気学会：電気学会技術報告第 1163 号，p.72, 2009
4）山崎智之，中村秀治，本郷榮次郎，久保田邦裕：土木学会，構造工学論文集，Vol.61A, p.522, 2015
5）市場幹之，髙橋圭一：腐食防食学会，材料と環境2010 予稿集，2010, p.71, 2010
6）市場幹之，原田賢，笠原潔，池田男伊介，高柳敬志：腐食防食学会，材料と環境討論会，Vol.51, p.334, 2010
7）飯田眞司，松本康幸，野田純生：関西ペイント，塗料の研究，No.133, p.41, 1999
8）東京都環境局 HP より

Q6-06

Q 送電鉄塔の塗装や防錆に関する保全はどのように行うのですか？

A 送電鉄塔の塗装は基本的に現場での刷毛塗りで行われます。点検としては周期的に巡視や昇塔による外観検査を行い、部材の劣化状況に応じて塗装や部材の交換を実施しています。

1. 送電鉄塔と塗装方法

　一般的な送電鉄塔は溶融亜鉛めっきを施した鋼製部材を組上げた高さ 30 ～ 100 m のトラス構造物です。部材は無塗装で鉄塔に組立てられ、めっき層の経年劣化に伴い現場塗装を行います。部材は基本的にボルトで締結されるため複雑な構造となります。このため鉄塔の塗装は一般に写真 1 に示すように、足場の確保が難しい鉄塔の高所で、複雑な構造に対応可能な刷毛塗装となります[1]。また、幅 10 cm ほどの塗装部材は足場としても使用し塗装姿勢にも制約がかかります。大型鉄塔では調合した塗料の昇降時間の省略

写真 1　送電鉄塔のボルト締結部の塗装（送電停止時の塔上での刷毛塗装）[1]

のため、地上で調合した塗料をホースで刷毛に直接供給する圧送刷毛も使用されます。構造上重要なボルト類は塗装品質の確保が難しく防錆キャップも使用されます。

　昼間障害標識色が義務付けられる 60 m 以上の新設の鉄塔部材は工場塗装され現場に搬送され組立られます。

2. 通電部の塗装への影響

　送電鉄塔の塗装では通電部に対する離隔距離の確保が必要です。最小離隔距離は電圧によって異なり、2 ～ 3 万ボルトでは 2.0 m、50 万ボルトでは 10.8 m となります[2]。電力各社では最小離隔距離より長い距離を確保して作業します。一般的な左右に 2 回線の通電部を有する通電部近傍の鉄塔の塗装では、**写真 2** に示すように片側 1 回線の送電を停止して塗装が行われます。送電停止時間を短時間とするため塗装時間の短縮が求められます。塗装の下地処理も、めっき層の損傷を軽微にして、さらに施工時間を短縮するために、部材の劣化状況に応じて 3 種から 4 種ケレンを行います。

3. 送電鉄塔塗装時の養生

　送電鉄塔の塗装は他の社会資本と同様に公共の場所で行われますが、高所で塗装を行うことから資器材の昇降や塗料の飛散への対策が必要

写真 2　塗装のため防護ネットで養生された送電鉄塔（養生部は通電停止）

となります。大型鉄塔の塗装作業時は鉄塔の中間位置に足場を架設し、防護ネットや塗料などを保管して作業効率を高めます[3]。塗装作業時には**写真2**に示すように鉄塔の形状に合わせて飛散防護ネットを架設し、飛散しにくい塗料を使用します。鉄塔近傍の重要な設備については風向きなどを考慮し個別の養生を行います。

4. 送電鉄塔の塗装保全

　建設した送電鉄塔の点検例として、2回／年の巡視点検、建設後2年程度で実施される初期点検、建設後5年程度で行われる定期点検、災害などで実施される臨時点検が報告されています[4]。巡視点検はヘリコプターや地上からの点検ですが、初期点検や定期点検は昇塔して点検が行われます。これらの点検の目的は主にボルトの緩みや鋼材の亀裂などを対象としています[4]。最近では昇塔点検の安全性向上やコスト削減につながるドローンによる点検が検討されています[5]。

　送電鉄塔の塗装保全に関する点検例を図1に示します[6]。塗装前後の点検が初回塗装は建設時の無塗装の亜鉛めっき部材の劣化状態をめっき層の劣化見本と照合して実施を判断し、亜鉛の合金層が健全な状態で行います[7]。劣化が重度に進行して塗装時期を逸した部材は交換されます。塗替え塗装時期も鉄塔の塗装状態を限度見本などに基づき判断します。

　送電鉄塔は個別に建設時や保全の記録が管理されています。保全計画において塗装時期の推定は点検を効率化する上で重要で地域の腐食環境の評価などに基づく推定が行われています。例えば、初回塗装時期として海岸部で20年、山間・都市部で38年、塗替え周期として海岸部で17年、山間・都市部で23年が報告されています[8]。

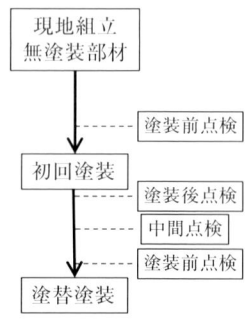

図1 送電鉄塔の塗装保全の点検例

［参考文献］

1) 飯田眞司，松本康幸，野田純生：関西ペイント，塗料の研究，No.133, p.41, 1999
2) 昭和50年12月17日基発第759号労働基準局長通達，1975
3) 日本鋼構造協会編：JSSC テクニカルレポート，日本鋼構造協会，No.80, p.76, 2008
4) 山崎智之，中村秀治，本郷榮次郎，久保田邦裕：土木学会，構造工学論文集，Vol.61A, p.522, 2015
5) 例えば東京電力パワーグリッド HP：（http://www.tepco.co.jp/pg/cost-down/it.html）
6) 市場幹之，髙橋圭一：腐食防食学会，材料と環境2010予稿集，2010, p.71, 2010
7) 日本鋼構造協会：「重防食塗装」，技報堂出版，p.79, 2012
8) 大星隆雄：中部電力，技術開発ニュース，No.107, p.16, 2004

Q6-07

Q プラントに用いられる塗装系にはどのような種類がありますか？

A プラントによって運用条件が異なるので、様々な塗装仕様が使用されています。

　プラントの設置環境は海岸沿いが多く、海塩粒子の影響を受けやすいだけでなく、場合によっては硝酸化合物（NO_x）や硫酸化合物（SO_x）などの腐食促進因子である化学成分の影響も受けやすいため、他の構造物に比べて、非常に厳しい腐食環境に設置されていることがあります。

　プラント設備に用いられる塗装系に要求される主な機能としては、①防食性、②外面からの輻射熱の抑制、③耐候性、④色相による環境調和などが挙げられます。プラント設備の種類によって塗装設計上配慮すべき事項が異なるため、それぞれの設備に要求される機能をよく考慮した上で適切な塗装系が選定されます。その一例として、各種プラント設備に対する塗装設計上の留意事項を**表1**に示します。

表1　各種プラント設備に対する塗装設計上の留意事項[1]

塗装対象プラント	塗装設計上配慮すべき事項	備考
石油精製プラント	①乾湿部 ②各種タンク内面適正	タンク天蓋・タンク内面・耐熱部以外の暴露部は重防食塗装仕様が適用できる。
肥料プラント	①塩類の付着が多い ②酸・アルカリなどの薬品環境にある	全体的に、腐食環境は厳しい条件に曝されるものが多く、耐薬品性に主体を置いた仕様が必要となる。
セメントプラント	①アルカリ雰囲気 ②高温部	耐アルカリ性塗装仕様が要求されるが、中程度の腐食環境といえる。
ソーダプラント	①塩素ガス雰囲気 ②塩類の付着が多い	厳しい腐食環境で、エポキシやウレタンなどの重防食仕様が必要となる。
紙・パルププラント	①海岸地帯に立地する ②酸・アルカリ・硫化物・塩素化合物	厳しい腐食環境で、エポキシやウレタンなどの重防食仕様が必要となる。
繊維プラント	部分的に薬品環境にある	重防食仕様が適用される。染色工場では、薬品環境でエポキシ仕様が必要となる。
製鉄・鉄鋼プラント	①高温部が多い ②塵埃の付着が多い	塵埃の付着が多いため、酸雰囲気に耐える塗装仕様が主体になる。

　プラント設備の部位別・環境条件別による塗装選定基準と代表的な塗装系を**表2**に示します[1]。このように、設置環境や被塗物の材質や形状のほか、塗装目的や期待耐用年数を考慮して、必要な性能が発揮できる塗料を選択することが必要となります。

表2　環境条件別塗装選定基準[1]

対象	選択上の留意点	代表的な塗装系
一般外面	期待耐用年数を主体とした選択で、素地調整、塗料品種、塗膜厚の選定をする。	**塗装系①** 防食下地:厚膜無機ジンクリッチペイント(75μm)、ミストコート、下塗:エポキシ樹脂下塗(120μm)、中塗:ポリウレタン樹脂中塗(30μm)、上塗:ポリウレタン樹脂上塗(25μm)　計:250μm **塗装系②** 防食下地:厚膜無機ジンクリッチペイント(75μm)、ミストコート、下塗:エポキシ樹脂下塗(120μm)、中塗:ふっ素系樹脂中塗(30μm)、上塗:ふっ素系樹脂上塗(25μm)　計:250μm **塗装系③(※)** 下塗:エポキシ樹脂(40μm)、中塗:塩化ゴム樹脂中塗(35μm)、上塗:塩化ゴム樹脂上塗(30μm)　計:105μm
	非鉄金属面への付着を考慮する。	**塗装系** 下塗:亜鉛メッキ面用エポキシ樹脂(40μm)、中塗:ポリウレタン樹脂中塗(30μm)、上塗:ポリウレタン樹脂上塗(35μm)　計:105μm
耐水部	耐水性に比重を置いた塗料の選定と高度の素地調整グレードの維持と塗膜厚の確保を図る。	**塗装系** 下塗:水処理用エポキシ樹脂(100μm×3回)　計:300μm

※塗替え時に限られます。

対象	選択上の留意点	代表的な塗装系
耐薬品雰囲気	耐候性・耐水性と耐薬品性を兼ね、期待耐用年数を主体とした選択をする。	**塗装系①** 下塗:変性エポキシ樹脂(60μm×2回)、中塗:ポリウレタン樹脂中塗(30μm)、上塗:ポリウレタン樹脂上塗(25μm)　計:175μm **塗装系②** 下塗:変性エポキシ樹脂(60μm×2回)、中塗:ふっ素樹脂中塗(30μm)、上塗:ふっ素樹脂上塗(25μm)　計:175μm
タンク内面・パイプ 内面等 (水・石油)	耐水性に主体を置いた塗料の選定とブラスト処理による完全防錆、および十分な硬化、養生期間をとる。 水質基準に考慮をはらう。	**塗装系** 防食下地:タンク内面用エポキシ樹脂下塗(50μm)、下塗:タンク内面用エポキシ樹脂下塗(100μm)、上塗:タンク内面用エポキシ樹脂上塗(100μm×2回)　計:350μm
耐熱	防食性、耐熱性に優れたジンクプライマーと耐熱性・耐候性に優れたシリコン系アルミニウムペイントの組み合わせ	**塗装系①(200～400℃)** 下塗:厚膜無機ジンクリッチペイント(50μm)、上塗:変性シリコン樹脂耐熱用上塗(15μm×2回)　計:80μm **塗装系②(600℃以下)** 下塗:シリコン樹脂耐熱用下塗(30μm×2回)、上塗:シリコン樹脂耐熱用上塗(15μm×2回)　計:90μm

[参考文献]

1) 関西ペイント:KHD システムガイドブック，プラント塗装，pp.24-33, 2012

Q6-08

Q 塗膜の耐熱温度はどの程度ですか？

A 一般的には、塗料を構成する使用樹脂や顔料の耐熱性によって塗膜の耐熱性能は大きく変化します。シリコン樹脂系の耐熱塗料は、600℃の耐熱性を有しています。

JIS K 5500 によると、耐熱性とは、塗膜が加熱されても、変化しにくい性質と定義されています[1]。塗膜の耐熱温度は、一般的には、塗料を構成する使用樹脂や顔料の耐熱性で、塗膜の耐熱性能が大きく変化します。シリコン樹脂系の耐熱塗料は、600℃の耐熱性を有していますが、これは、塗膜が600℃に加熱されても変化しにくい性質を表しています。

塗膜の膨れや割れなどの欠陥現象は、樹脂特性に大きく起因することが多いものの、顔料特性（顔料形状）にも影響を受けます。このため、耐熱性を付与するためには、アルミニウム顔料や雲母粉などの鱗片状の形状をした顔料を配合することが望ましいとされています。このような顔料の、高温環境下における造膜性と被塗物に対する影響（付着性など）は大きく、顔料の種類によって性能が改善することがあれば、劣化させることもあります。鱗片状顔料は、塗膜の亀裂を防止し、高温での接着性に優れていること、防食性の改善への寄与率が大きいことから耐熱塗料用の顔料として有効です[2]。

1. 塗料の耐熱温度

防食用分野で使用されている塗料材質の一般的な塗膜の耐熱性（使用樹脂の耐熱基準であり、この温度以下塗膜に外観上つやや色の変化はあっても短期間では致命的な欠陥には結びつかないと思われる温度）を表1に示します。

表 1　主な塗料の一般的な耐熱温度[3]

塗料名（一般名）	耐熱温度	塗料名（一般名）	耐熱温度
ウォッシュプライマー	70℃以下	フェノール樹脂塗料（油変性）	80℃以下
有機ジンクリッチペイント	150℃以下	変性エポキシ樹脂塗料（2液形）	130℃以下
無機ジンクリッチペイント	400℃以下	エポキシ樹脂塗料（2液形）	130℃以下
油性ペイント	80℃以下	ポリウレタン樹脂塗料（2液形）	130℃以下
合成樹脂調合ペイント	80℃以下	ふっ素樹脂塗料（2液形）	130℃以下
塩化ゴム樹脂塗料	70℃以下	シリコンアクリル樹脂塗料	200℃以下
塩化ビニル樹脂塗料	70℃以下	シリコン樹脂塗料	600℃以下

2. 代表的な塗料用樹脂（硬化物）の加熱減量曲線

重防食用塗料に使用される代表的な樹脂の硬化物の加熱減量曲線を図1に示します。Si-O-Si（シロキサン）結合を有する樹脂は重量残存率が20％以上であるのに対し、C-C（炭素 - 炭素）結合を有する樹脂は5％未満の残存率となり、シロキサン結合を有する樹脂の方が加熱減量は明らかに小さいことがわかります。こ

れは、結合力の強さ（シロキサン結合は炭素 - 炭素結合の約1.5倍）に依存していると考えられます。

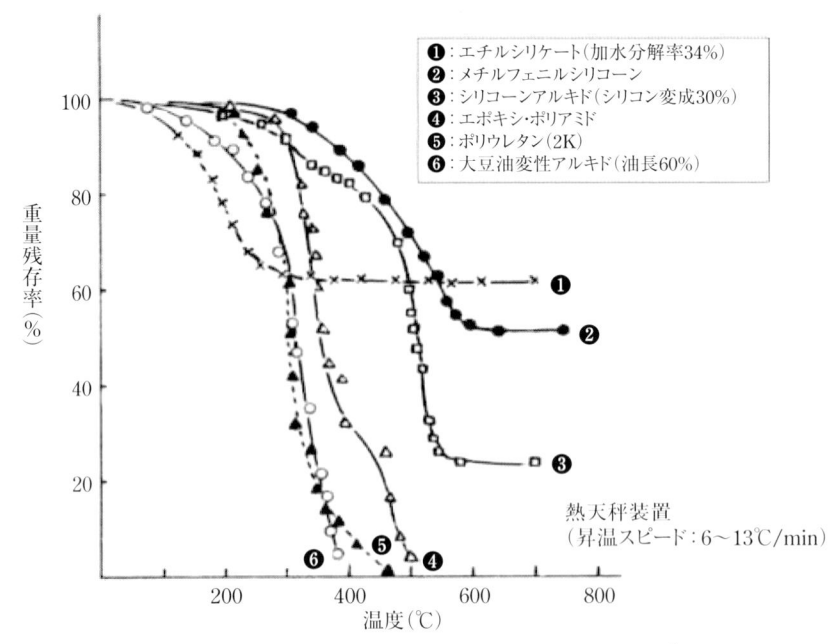

図1 代表的な塗料用樹脂（硬化物）の加熱減量曲線[4]

3. 耐熱塗料の組成概要

耐熱塗料の組成概要（樹脂、顔料）を**表2**に示します。

表2 耐熱塗料の組成概要[4]

使用温度	樹脂	主な顔料
〜 100℃	アルキド樹脂	各種
100 〜 250℃	シリコンアクリル樹脂 （シリコンアルキド樹脂）	アルミニウム粉、亜鉛末、 黒鉛末、金属複合酸化物、 雲母粉、タルク
250 〜 400℃	シリコン樹脂 有機チタン樹脂	アルミニウム粉、黒鉛末、 金属複合酸化物、雲母粉、 タルク、ガラスフリット
400 〜 600℃		

［参考文献］
1) JIS K 5500:2000「塗料用語」
2) 泉岡登美男：耐熱塗料 – シリコーン樹脂系 – ，色材，52, pp567-579, 1979
3) 日本ペイント（株）：各種塗料の耐熱性について，技術資料20
4) 浜村寿弘：外部構造物耐熱部塗装システム，塗料の研究，Vol.107, 1983

Q6-09

Q 建設に数年を有する場合、その間の防食について
どのような対策が必要ですか？

A 建設時の製作工程により、対応の仕方などが異なりますが、対策の
基本は、「塗装した部材の初期状態をどのようにして維持していく
か」になります。

　建設に数年を有する場合、建設される建造物の置かれる環境にもよりますが、一般的には下記の点を留
意する必要があります。

(1) 仕上がり工程（中塗り＋上塗り）を各ブロック組み立て後に行う場合

　下塗りまでの塗膜に錆が発生したり、下塗りと中塗りの塗装間隔が規定以上の間隔になって、中塗り塗
装前に目粗しなどの工程を入れる必要がでてくることもあります。工場塗装後に海上輸送を経て 6 ケ月経
過時の塗装部材の状態（例）を**写真 1** に示します。

　このような状態への対策は次の通りです。

① 　下塗り一層目に防食下地として厚膜形ジンクリッチペイントの採用

② 　厚膜形ジンクリッチの採用が無理な場合は、ジンクリッチプライマー、エポキシ樹脂塗料を組み合
　　せたシステムの採用

③ 　工場最終工程に現在は採用されることがほとんどなくなった MIO 塗料の採用
　　（この場合、MIO 塗膜表面に付着した海塩粒子の完全な除去が困難）

左側：耐熱塗料下塗り
　　　60〜80 μm
　　　→　　全面錆
右側：厚膜形無機ジンクリッチペイント
　　　60〜80 μm
　　　→　　異状なし

写真 1　下塗り塗装部材で現場輸送後の塗膜外観の例 [1]

(2) ブロックごとに最終工程である上塗り塗装まで仕上げた場合

数年後に塗装したブロックの塗膜と数年前に塗装したブロックの塗膜とで仕上がり感（色やつや）が異なって、つぎはぎ（まだら）状態になることがあります。このような状態への対策は次の通りです。

① 　上塗り、または工場最終工程塗膜の汚損や変質現象が起き難いブロック保管方法の工夫
　　（シート養生や定期的な水洗あるいはエアーブローなどによる塗膜表面付着物の除去など）
② 　光沢保持、変退色し難い上塗塗料材質の採用（ふっ素樹脂塗料の採用など）
③ 　ブロック組み立て後に上塗塗料の全面再塗装
　　（採用する上塗塗料は重ね塗り適性に優れる塗料）

(3) 海岸に近い環境

塗装部材に海塩粒子の付着が生じるため、塗膜表面の濡れ時間が長くなり、塗膜の劣化が進行しやすくなります。また、その上に直接塗り重ねると層間での付着低下が起きやすくなります。このような状態への対策は次の通りです。

① 　定期的に水洗で付着した海塩粒子の除去
② 　塗料の塗り重ねを行う場合は、塗装部材の付着塩分量を測定、付着塩分量が $50\,\mathrm{mg/m^2}$ 以下になるように水洗いで管理

［参考文献］
1）浜村寿弘：外部構造物耐熱部塗装システム，塗料の研究．Vol.107, 1983

コーヒーブレイク⑪　「耐熱塗料と耐火塗料の違い」

　耐熱塗料とは、塗膜が加熱されても耐久性を有する塗料を指します。比較的温度の低い場合は、フタル酸樹脂やフェノール樹脂が用いられており、温度が高くなると耐熱性の優れた変性シリコン樹脂（～ 300℃）や純シリコン樹脂（～ 600℃）を用いた塗料が使用されます。

　一方で耐火塗料は、火災時に塗膜が発泡して断熱層をつくり、鉄骨を火災から守る機能を有しております。火には強いですが、水には弱く、水分を含むと分解し耐火性能が低下するため、耐火塗料の保護を目的とした上塗りが必要になります。

Q6-10

Q 断熱材で覆われるものに塗装は不要ですか？

A 断熱材の材質や形状などにもよりますが、過酷な腐食環境下あるいは高温下に設置される場合は、腐食が顕著になる場合があるため、塗装することが望まれます。

1．断熱材に覆われる機器、配管の腐食

　内容物の温度を一定に保つ目的で機器や配管はケイ酸や酸化カルシウムを主成分とした無機質断熱材で覆われています。これらの断熱材は水溶液中ではアルカリ性を示すため、機器や配管は無塗装で使用されていましたが、図1に示すように、高温下では普通鋼は常温下より2倍以上腐食するため、1980年以降は断熱材で覆われる機器や配管も塗装するようになりました。

　図2に実際のプラントの無塗装炭素鋼配管の断熱材で覆われた部位の腐食状況を示します。

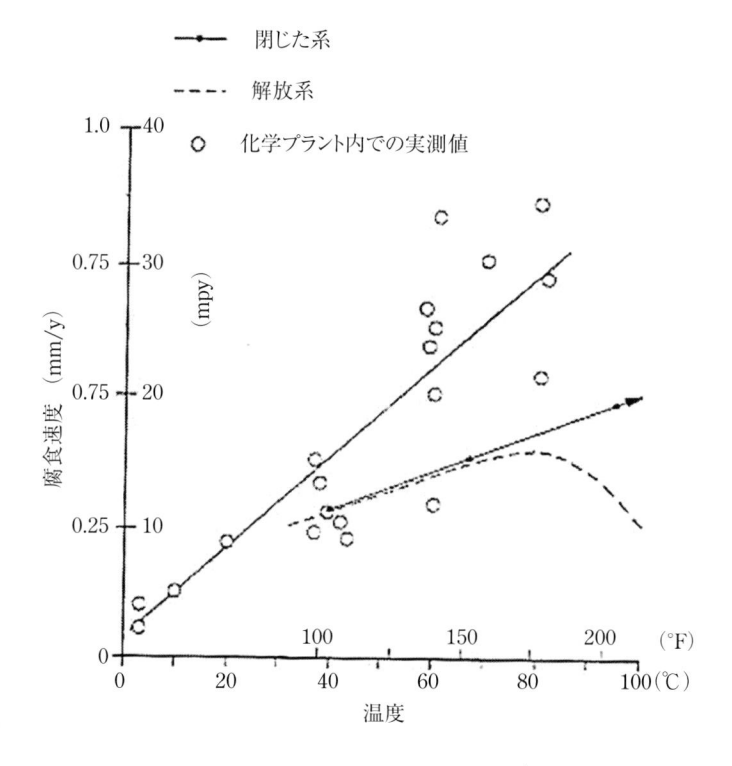

図1　高温下での普通鋼の腐食[1]

図2　保温材下での腐食例 [2]

2. 断熱材に覆われる部位に塗装する塗料の選定 [1]

　断熱材に覆われる鋼材面に塗装する塗料の選定にあたって注意しなければならないことは、50℃以上の温度条件下では亜鉛と鉄との電位が逆転するため、50℃から170℃までの温度範囲でジンクリッチペイントを単独で使用すると亜鉛により鋼材の鉄が先に溶解することです。

　50℃から170℃までの温度範囲でジンクリッチペイントを使用する場合には上塗塗料が必要となり、150℃までの場合はエポキシ樹脂系塗料、170℃まではフェノールエポキシ樹脂系塗料を塗装します。

　170℃よりも高温条件下で運転される場合、断熱材で覆われる面はジンクリッチペイント単独でも良いですが、ジンクリッチペイントの上塗塗料として耐熱塗料を塗装する場合もあります。

　断熱材で覆われる鋼材面の温度別の塗装系の一例 [1] を**表1**に示します。

表1　断熱材下の塗装系の例 [1]

運転温度条件（℃）	素地調整程度	下塗塗料	中塗塗料	上塗塗料
−50 〜 150	ISO Sa2 1/2	厚膜無機ジンクリッチペイント	エポキシ樹脂系塗料	−
〜 170	ISO Sa2 1/2	厚膜無機ジンクリッチペイント	フェノールエポキシ樹脂系塗料	−
〜 400	ISO Sa2 1/2	厚膜無機ジンクリッチペイント	−	−
400 〜	ISO Sa2 1/2	シリコン樹脂系塗料	−	−

　近年では、「保温材下腐食対策塗料」として−185 〜 540℃までの広範囲に適用でき、無機ジンクリッチペイントや耐熱塗料以上の防食性を有する塗料の開発も行われています。

［参考文献］
1）高瀬勝次：防錆管理、プラント分野における塗料・塗装, pp.194-196, 2016
2）関西ペイント：保温材下腐食（CUI）対策塗料 テルモ WR カタログ, p.2

Q6-11

Q タンク内面の塗装にはどのような種類があります
か？

A 内面塗装では、内容物の種類によって塗料の種類が異なり、タンク
内面用エポキシ樹脂塗料（２液形）、ガラスフレーク樹脂塗料、無
機ジンクリッチペイント（用途限定）などが適用されています。

　タンクの種類として、石油備蓄基地のような専用基地に設置されるものもありますが、多くのタンクは、
火力発電プラント、石油精製プラント、化学プラント、製鉄鉄鋼プラント、その他の金属精製プラント、
セメントプラントなど、各種プラント施設内または隣接地のタンクヤードに設置される構造物です。

　タンクの防錆防食対策面では、施工が比較的容易でタンクの規模を問わず行えることから、内外面とも
塗装（塗料）が最も広く利用されています。タンク外面には橋梁などの通常の構造物に用いられるものと
同じ塗料が用いられますが、内面用では、内容物の種類によって塗料の種類が異なり、タンク内面用エポ
キシ樹脂塗料（２液形）、ガラスフレーク樹脂塗料、無機ジンクリッチペイトなどが適用されています。
内容物別の適用塗料の選択基準を**表1**に示します。

表1　タンク内面　内容物別の適用塗料の選択基準[1]

部位・環境			選択上の留意点	塗料
タンク内面	水	海水	耐水性に主体をおいた塗料の選定と、ブラスト処理による完全防錆、及び十分な硬化・養生期間をとる。	変性エポキシ
		工業用水		変性エポキシ
		飲料水・純水		水タンク用エポキシ
	酸	硫酸・硝酸等	合金や金属クラッド、樹脂ライニング等	樹脂ライニング材など
	アルカリ	苛性ソーダ	エポキシ樹脂など	樹脂ライニング材など
	石油	原油	耐油・耐水性・耐酸性塗料の選定。膜厚・ブラスト処理。養生期間に留意する。	エポキシ
				変性エポキシ
				ガラスフレーク塗料
		ナフサ		エポキシ
				厚膜形無機ジンク
				ガラスフレーク塗料
		ガソリン灯油・軽油石油製品	同上、及び製品汚染の防止。製品タンクでは適性に注意する。	エポキシ
				厚膜形無機ジンク
				ガラスフレーク塗料

　内面用塗料には、貯蔵する内容物に対して長期にわたって耐久性があり、鋼板を腐食から守ることが要
求されるため、塗装仕様は貯蔵物の種類に応じて選定する必要があります[2]。

　表1、表2に常温の貯蔵物に適用される代表的な塗装仕様例を示します。なお、内面の場合は現場施工

であってもブラストによる素地調整が可能なために新設・塗替えとも同じ塗装仕様が採用されます。

表1 エポキシ樹脂塗料仕上げ（石油製品、上水など）

施工場所	工程	塗料	塗回数（回）	標準乾燥膜厚 （μm/回）	標準塗付量（参 考値）（g/m²）	塗装間隔 （20℃）
現地	1. 素地調整	ブラスト処理　ISO Sa2 1/2				
	2. プライマー	ジンクリッチプライマー	1	20	200	1D ～ 30D
	3. 下塗	タンク内面用エポキシ樹脂塗料	1	100	540	1D ～ 7D
	4. 中塗	タンク内面用エポキシ樹脂塗料	1	100	540	1D ～ 7D
	5. 上塗	タンク内面用エポキシ樹脂塗料	1	100	540	1D ～ 7D
	計		4	320		

表2 ビニルエステル樹脂塗料仕上げ（原油、重油、石油製品など）

施工場所	工程	塗料	塗回数（回）	標準乾燥膜厚 （μm/回）	標準塗付量（参 考値）（g/m²）	塗装間隔 （20℃）
現地	1. 素地調整	ブラスト処理　ISO Sa2 1/2				
	2. 下塗	ジンクリッチプライマー	1	40	180	1D ～ 30D
	3. 中塗	タンク内面用ビニルエステル 樹脂塗料	1	260	650	1D ～ 7D
	4. 上塗	タンク内面用ビニルエステル 樹脂塗料	1	260	650	1D ～ 7D
	計		3	560		
	最小値			400		

［参考文献］

1) 日本鋼構造協会：重防食塗装の実際　5.3 タンクの塗装，p.225, 1988
2) 社団法人日本塗料工業会　重防食塗料ガイドブック 第3版，p.117, 2007

Q6-12

Q コンクリート製タンクの外面塗装にはどのような塗料が適していますか？

A 設置環境により大きく異なりますが、耐アルカリ性及び遮塩性に優れるコンクリート塗装用エポキシ樹脂プライマー及び中塗り、ふっ素樹脂塗料を上塗りとした塗装系が適しています。

コンクリート製タンクは鋼道路橋と同様に飛来塩分の影響を受ける海浜環境に設置されることが多くあります。そのため、鋼道路橋のコンクリート面と同様の塗装仕様が提案されます。

ここでは、コンクリート面への塗装仕様の例として、「鋼道路橋防食便覧」では、コンクリートのひび割れ頻度によって異なる塗装仕様が規定されています[1]。また、塗装仕様は美観・景観性及び長寿命化の観点から、上塗塗料には耐候性に優れたふっ素樹脂塗料が採用されています。

1) ひび割れ頻度が極めて少ないと考えられるコンクリート部材

ひび割れ頻度が極めて少ないと考えられるコンクリート部材には、**表1**の標準的な塗装仕様 CC-A が規定されています。

表1 コンクリート面への塗装仕様 CC-A

工程		使用材料	塗装条件			塗装間隔
			目標膜厚 (μm)	標準使用量 (kg/m^2)	塗装方法	
前処理	プライマー	コンクリート塗装用エポキシ樹脂プライマー	–	0.1	スプレー（刷毛・ローラー）	1～10日
	パテ	コンクリート塗装用エポキシ樹脂パテ	–	0.3	へら	1～10日
中塗		コンクリート塗装用エポキシ樹脂塗料中塗	60	0.32 (0.26)	スプレー（刷毛・ローラー）	
上塗		コンクリート塗装用ふっ素樹脂塗料上塗	30	0.15 (0.12)	スプレー（刷毛・ローラー）	1～10日

本塗装系は、塗膜の耐久性及び遮塩性に優れるふっ素樹脂塗料を上塗りとする塗装系で、塗替え周期を長くしたものです。プライマーには、各種の樹脂の中でも耐アルカリ性に優れるコンクリート塗装用エポキシ樹脂プライマーを用い、中塗りと同系の材料とすることで、コンクリートとの密着性及び」塗膜間の付着性を高めています。

2) コンクリート部材に多少のひび割れを生じる恐れのある場合

コンクリート部材に多少のひび割れを生じる恐れがある場合には、**表2**の塗装仕様 CC-B が規定されています。

表2　コンクリート面への塗装仕様 CC-B

工程		使用材料	塗装条件			塗装間隔
			目標膜厚 （μm）	標準使用量 （kg/m²）	塗装方法	
前処理	プライマー	コンクリート塗装用エポキシ樹脂	－	0.1	スプレー （刷毛・ローラー）	1 ～ 10 日
	パテ	コンクリート塗装用エポキシ樹脂パテ	－	0.3	へら	1 ～ 10 日
中塗		コンクリート塗装用柔軟形エポキシ樹脂塗料中塗	60	0.32 （0.26）	スプレー （刷毛・ローラー）	
上塗		コンクリート塗装用柔軟形ふっ素樹脂塗料上塗	30	0.15 （0.12）	スプレー （刷毛・ローラー）	1 ～ 10 日

　塗装系 CC-B は、ひび割れに追従するように塗膜に柔軟性を持たせています。遮塩性に加えて塗膜の柔軟性を付与するために柔軟形エポキシ樹脂塗料を中塗りに用い、柔軟性を有しながら耐候性に優れる柔軟形ふっ素樹脂塗料を上塗に用いています。これによってコンクリートにひび割れが生じても塗膜が損傷しにくく、塗替え周期の長期化が期待できます。

［参考文献］
1）社団法人日本道路協会：鋼道路橋防食便覧，pp.II-40-43, 2014

コーヒーブレイク⑫　「タンク底部の防食」

　石油貯蔵タンクを例とした場合、タンク底部の内面においては、高濃度の塩化物イオン、溶存酸素を含むスラッジ溶液などに曝されています。溶液と底部の鋼板が接触し、局部腐食反応が進行すれば、石油漏洩事故も生じかねません。特に備蓄用途では、長期的に塗替えが困難な状況ですので、多くの場合、防食性が高いガラスフレーク入りビニルエステル樹脂ライニング塗膜が用いられます。ガラスフレーク塗膜は、含有するガラスフレークの遮蔽作用により、塗膜を透過する水、酸素などの腐食因子を素地金属に達する時間を長くし、防食効果を高くできるという特徴があります。底部外面の防食方法としては、底部下にアスファルトサンド等の防食材料を敷く方法、電気防食を使用する方法などがあります。

Q6-13

Q 地際部の防食対策にはどのようなものがありますか？

A 溶融亜鉛めっき、塗装、その組み合わせによる防食対策と、腐食因子である水、塩分が滞留しないような構造にするなどの構造変更による防食対策があります。

1．地際部の腐食による破断 [1)]

地際の腐食による損傷は、土壌・アスファルト・コンクリートなどの地際環境因子に加え、大気環境因子が大きく影響しています。地際腐食環境の腐食環境因子と腐食の程度を、**表1**に示します。また、地際腐食によって鋼材が破断した事例を**図1**に示します。

表1　大気及び地際環境因子と腐食程度 [1)]

腐食環境		腐食の程度		
部位	環境因子	腐食小	腐食中	腐食大
地際	ベース	コンクリート	アスファルト	植栽
	土質	砂	ローム	有機粘土
	土壌含水率	乾燥	半乾燥	湿潤
	土壌 pH	アルカリ	中性	酸性
	風砂の打ち付け	なし	風砂（埋立地・畑）	海砂（沿岸）
大気	露出の程度	非露出	半露出	露出
	飛来塩分	山間	市外	海岸
	$SO_x \cdot No_x$	田園	都市	工業地帯
	気候帯	寒帯	温帯	熱帯雨林
	開口部	密着性良	密着性中	密着性不良
	埋込み底部	排水・浸水良	排水・浸水中	排水・浸水不良

破断箇所

図1　地際腐食による鋼材の破断事例 [2), 3)]

2. 地際の防食対策

　地際の防食対策法としては、溶融亜鉛めっきと塗装、その組み合わせによる方法と、構造変更による方法があります。

(1) 塗装による対策[1]

　塗装は、腐食因子を遮断し、景観性を付与できることから、よく使用されます。塗装を行う場合、使用環境の腐食性や景観性を十分に考慮し、設計耐用年数に対してコストパフォーマンスに優れた塗料を選定する必要があります。

(2) 溶融亜鉛めっきによる対策[1]

　溶融亜鉛めっきは、緻密な保護皮膜と犠牲防食作用により、腐食から防護します。しかしながら、地際部は、腐食が顕著であるため、適切な保守・点検が必要になります。

(3) 構造変更による対策[2]

　構造変更による対策事例として図3に示すような斜材とコンクリートから成る構造物を例として挙げます。**図3**左のような斜材と床版コンクリートで囲まれた部位は、添接板もあって閉鎖空間となり、点検や塗装ができない構造となっています。このよう構造の場合、歩道のコンクリートを一部除去し、鋼部材とコンクリートの縁を切り、十分な空間を確保することで、点検や塗替え塗装が可能な構造に改良する必要があります。**図3**右にもありますように、コンクリートを除去した部分に水止めの突起を歩道側につけ、鋼板や格子状のグレーチングを設置することで塗替え塗装及び点検を可能にできるとともに、水や塩分の滞留を抑制します。

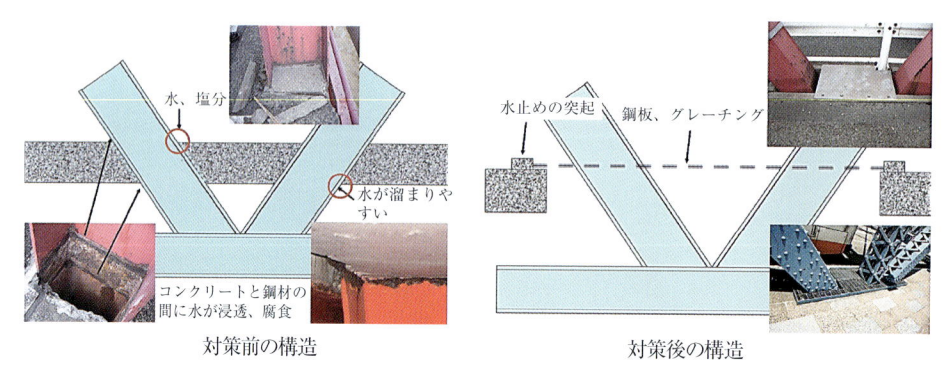

対策前の構造　　　　　　　　　対策後の構造

図3　構造変更による対策事例[2]

［参考文献］
1) 栗栖 孝雄：腐食センターニュース．地際腐食対策．pp.21-28, 2014
2) 山田健太郎：鋼橋の長寿命化における塗替え塗装の重要性．Structure Painting, Vol.36, No.1, pp.2-9, 2008
3) NTT東日本：NTT技術ジャーナル「効率的な設備運営に向けた地際腐食鋼管柱の点検方法」．p.81, 2015

Q6-14

Q プラント配管の塗装にシルバーが多く用いられるのはなぜですか？

A プラント配管は高温環境下で使用されることが多く、耐熱性が求められます。シルバーの成分であるアルミニウム顔料は熱輻射の抑制効果が他の顔料よりも優れ、変退色が少ないため、多く用いられます。

プラント配管の耐熱部には、上塗りとして一般的にシルバーと呼ばれるアルミニウム顔料を含む塗料が使用されます。

プラント配管の塗装に要求される機能として、外面からの熱輻射の抑制効果（熱反射効果）が挙げられます[1] が、シルバーは**図1**に示すように、輻射熱の抑制効果（熱反射効果）が最も高いことから、配管の塗装に多く使用されています。また、プラント配管など耐熱部で使用されるシルバー仕上げの耐熱塗料の種類[3] を**表1**に示します。

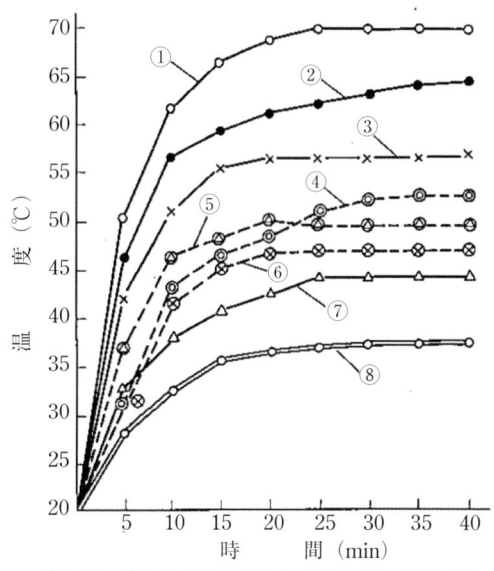

①：黒　②：ねずみ　③：ねずみ　④：（熱）緑
⑤：（熱）ねずみ　⑥：（熱）錆色　⑦：白
⑧：シルバー　　※（熱）は熱反射塗料

図1 塗料の熱反射効果[2]

表1 耐熱塗料の種類

樹脂系項目	フタル酸樹脂系	フェノール樹脂系	アルキド樹脂またはアクリル樹脂変性シリコン樹脂系	シリコン樹脂系
耐熱温度（℃）	120 ～ 150	200	200 ～ 300	400 ～ 600
硬化温度（℃）	常温	常温	常温焼付（150 ～ 180℃）	200 ～ 250
下塗塗料として使用される塗料	フタル酸樹脂系プライマー	フェノール樹脂系プライマー	フェノール樹脂系プライマー（200℃）シリコンアルキド系プライマー（300℃）	シリコン樹脂系プライマーシリコンエポキシ樹脂プライマー無機ジンクリッチプライマー（400℃）

［参考文献］
1) 社団法人日本鋼構造協会：重防食塗装の実際, p.225, 1988
2) 社団法人日本鋼構造協会：重防食塗装の実際, p.234, 1988
3) 社団法人日本塗料工業会：重防食塗料ガイドブック 第3版, p.76, 2007

コーヒーブレイク⑬　「塗料の色相の変遷」

1950 年代頃～

「色彩調節（色彩設計）」が主に米国の文献から紹介され始め、まだ人々の色彩に対する関心は低かった頃です。橋梁色彩についても同様に、旧国鉄の「鉄ゲタの色見本帳」に掲載されているダークグレー・錆色・ダークグリーンなどの濁った色が主流でした。これらの色は、鉄道車輪とレールの摩擦から発生する鉄粉汚れを目立たせない役割もありました。

1960 年代頃～

1962 年開通の「若戸大橋」は、日本における長大橋の始まりであり、当時は日本一の吊り橋でした。この若戸大橋に鮮やかな赤が採用されたことで、原色が流行となりました。従来の濁った色から、明るく鮮やかな色が山や街に彩りを添え、橋梁色彩が脚光を浴びました。赤は神社の鳥居をイメージさせ、橋梁に神聖さと威厳を与えました。そして、赤は日本の高度成長時代のシンボルカラーとなりました。

1970 年代頃～

赤の橋梁が環境・機能に配慮することなく大量に出現したため、目障りになってきました。また、この頃公害や環境破壊が社会問題となり、自然を大切にする機運が高まり、鮮やかすぎる色彩は人工的でふさわしくなく、次第にソフトな中彩色～クリーンな淡彩色に移行していきました。中でも1976 年開通の「大島大橋」は、当時自然環境に配慮した橋梁色彩の代表作として注目されました。

1980 年代頃～

1978 年に開通した本州四国連絡橋の供用第 1 号である「大三島橋」（尾道－今治ルート）に、N 7.5 のライトグレーが採用され、以後、本四橋の塗色の基準となりました。

この色は陽が当たると、周囲の海や島との明度対比効果から白く明るく見え、シンプルで現代的な印象となりました。さらに、白は、当時橋梁では流行の形状であった優雅な吊り橋や斜張橋とよくマッチし、その後人気の色として現在まで定着しています。1998 年開通の吊り橋「白鳥大橋」（北海道室蘭市）は、その名の通り白鳥が翼を大きく広げたような優美な美しい橋として、観光名所になっています。

2000 年代頃～現在

1998 年開通の「明石海峡大橋」（神戸－鳴門ルート）では、世界最長の吊り橋をアピールするため、本四橋では唯一ライトグリーンが採用され、一見無味な白から橋としての個性を打ち出しました。2004 年には景観法が施行され、良好な景観形成の高まりから、穏やかで優しい配色が主流となりました。橋梁が色彩ガイドラインの対象となり、それぞれの地域にあった郷土性が求められています。

［参考文献］
1)　一般社団法人日本塗料工業会：彩.　pp.6-7, No.32, 2014

Q6-15

Q めっき、溶射及び耐候性鋼を補修する場合、どのように対処するのがよいですか？

A めっきや溶射された鋼構造物を補修する場合には、それぞれの皮膜の状態を考慮して補修する必要があります。耐候性鋼を補修する場合には、一般鋼材と比較して塗装前の素地調整作業に時間を要する可能性があることに注意する必要があります。

1．溶融亜鉛めっきの補修

　溶融亜鉛めっき鋼材は、塩分が飛来するような環境ではめっき層が消耗し早期に腐食が進行します。また、水と接触することで亜鉛が溶け出し、亜鉛層や合金層の消耗が進むため、滞水し易い部位では早期に劣化が進行します。このように腐食した溶融亜鉛めっき鋼材を塗装で補修を行う場合には、溶融亜鉛めっき橋梁での塗装による補修例や暴露試験結果より、鋼道路橋塗装・防食便覧 1) の Rc-Ⅰ塗装系で補修することが望ましいとされています。

　実際に異状劣化した溶融亜鉛めっき橋梁を塗装で補修した実例としては、北陸自動車道に架設から 10～15 年経過した溶融亜鉛めっき 3 橋梁があります。これらの 3 橋梁は、素地調整程度 1 種（ブラスト処理）を行い、有機ジンクリッチペイント＋変性エポキシ樹脂塗料下塗＋ポリウレタン樹脂塗料用中塗＋ポリウレタン樹脂塗料の塗装系で塗装による補修が行われました。塗装後 5～10 年経過した段階では、いずれも錆の発生はなく良好な塗膜状態であることが確認されています。

2．金属溶射の補修

　劣化した金属溶射皮膜の補修方法としては、金属溶射で補修する方法と、塗装で補修する方法が挙げられます。金属溶射で補修する仕様の一例として、「鋼道路橋防食便覧」で規定されている補修塗装系を**表1及び表2**に示します。**表1**に示す仕様は、金属溶射皮膜が腐食している場合に用い、**表2**に示す仕様は、金属溶射皮膜に腐食が生じておらず、溶射皮膜の上に塗装された塗膜の美観性のみを回復したい場合に用います。

表 1　金属溶射の塗装による補修仕様 1)

工程	補修仕様
素地調整	ブラスト処理　防せい度 ISO 8501-1 Sa 2 1/2 以上 表面粗さ　Rz50μm 以上（または、粗面化処理　Rz50μm 以上） 溶射皮膜劣化部のブラスト処理により付着物、油分、水分、じんあい、塩分等を除去し、清浄面とする。
金属溶射	最小皮膜厚さ 100μm 以上とする。
封孔処理	封孔処理剤をスプレー塗装する。
塗装補修	弱溶剤形ふっ素樹脂塗料中塗（200 g/m²）　30μm 弱溶剤形ふっ素樹脂塗料上塗（150 g/m²）　25μm

注：塗装作業については、鋼道路橋防食便覧第Ⅱ編塗装編に準じる。

表2　美観性の回復のための補修仕様[1]

工程	補修仕様
素地調整	サンドペーパーなどで表面を研磨清掃し、付着物、水分、油分、じんあい、塩分等を除去し被塗装面を清掃化する（4種ケレン）。
下塗塗装	変性エポキシ樹脂塗装下塗 60 μm とする。
仕上げ塗装	ふっ素樹脂塗料中塗（200 g/m^2）　30μm ふっ素樹脂塗料上塗（150 g/m^2）　25μm

注：塗装作業については、鋼道路橋防食便覧第Ⅱ編塗装編に準じる。

3．耐侯性鋼材

　架設地点の環境が良好でない場合や、層状剥離錆などの異常錆が発生した場合には、塗装で防食する必要があります。代表的な補修対策としては、「鋼道路橋防食便覧」に規定される Rc-Ⅰ塗装系が挙げられます。塗替えによって補修する場合、耐候性鋼材に生じる錆は一般鋼材のものと比較して硬いため、素地調整に注意する必要があります。動力工具や手工具の使用では錆を完全に除去することは難しく、ブラスト処理による素地調整程度1種が必要です。素地調整程度3種で塗替えされた耐侯性鋼橋梁では、塗装後1～3年程度で再度の腐食や塗膜変状を生じた事例があります[2]。また、ブラスト工法を用いる場合においても、同程度に腐食した一般鋼材を素地調整するときと比較して3～4倍の作業時間を要すること、約3倍の研削材の量も必要とされることが報告されています[2]。

　なお、「鋼道路橋防食便覧」によると、素地調整後の鋼材表面に残留する塩分はなるべく除去することが望ましいとされています。具体的には、付着塩分量が 50 mg/m^2 以下となっていることを確認し、50 mg/m^2 以下となってない場合は、水洗などによって塩分除去を行うのがよいとされています。

［参考文献］
1）公益社団法人日本道路協会：鋼道路橋防食便覧，2014
2）独立行政法人土木研究所他：鋼橋防食工の補修方法に関する共同研究報告 第414号，2010

鋼構造物の塗装 Q&A　　　　　　　　　定価はカバーに表示してあります.

2018 年 3 月 31 日　1 版 1 刷　発行　　　　　ISBN978-4-7655-1853-6 C3051

編　者　一般社団法人日本鋼構造協会

発行者　長　　　滋　　　彦

発行所　技 報 堂 出 版 株 式 会 社

〒101-0051
東京都千代田区神田神保町 1-2-5
電　話　営業　(03) (5217) 0885
　　　　編集　(03) (5217) 0881
Ｆ Ａ Ｘ　　(03) (5217) 0886
振 替 口 座　　00140-4-10
http:// gihodobooks.jp/

日本書籍出版協会会員
自然科学書協会会員
土木・建築書協会会員

Printed in Japan